四代中医世家传人 陈允斌"顺时生活"养生系列

陈允斌
抗病毒应急食方

陈允斌 著

SPM 南方出版传媒
广东科技出版社 | 全国优秀出版社
·广州·

图书在版编目（CIP）数据

陈允斌抗病毒应急食方 / 陈允斌著 . —广州 : 广东科技出版社 , 2020.5（2023.9 重印）

ISBN 978-7-5359-7430-3

Ⅰ . ①陈… Ⅱ . ①陈… Ⅲ . ①保健 – 食谱②食物疗法 Ⅳ . ① TS972.161 ② R247.1

中国版本图书馆 CIP 数据核字 (2020) 第 031175 号

陈允斌抗病毒应急食方
Chenyunbin Kangbingdu Yingji Shifang

出 版 人：朱文清

责任编辑：高 玲 方 敏

监 制：黄 利 万 夏

特约编辑：马 松

营销支持：曹莉丽

装帧设计：**紫图装帧**

责任校对：陈 静 梁小帆

责任印制：吴华莲

出版发行：广东科技出版社

（广州市环市东路水荫路 11 号 邮政编码：510075）

http : //www.gdstp.com.cn

E-mail : gdkjbw@nfcb.com.cn

经 销：广东新华发行集团股份有限公司

印 刷：艺堂印刷（天津）有限公司

规 格：710 mm × 1 000 mm 1/16 印张 17.5 字数 380 千

版 次：2020 年 5 月第 1 版

2023 年 9 月第 4 次印刷

定 价：69.90 元

如发现因印装质量问题影响阅读，请与承印厂联系调换。

身体养得好不好，
面对病毒见分晓

　　每当传染病袭来的时候，也是考察我们养生功课之时——平时身体养得好不好，面对病毒就见分晓。

　　虽然本书讲的主要是被病毒感染时救急的方法，常用于传染病流行时节，比如每年的流感季，或者每隔数年会出现一次的病毒疫情，但是普通家庭可以用来自我防护和调理——其中大部分防护食方和起居防护的方法，在平时也应该使用。其实，生活中病毒是无时不在的，只是危险程度不同。我们不仅要防范大疫、要防范时疫，也要防范日常的传染病。

我们如果形成饮食防病和起居防护的习惯，就能极大地减少在不知情的情况下感染病毒的概率。

《顺时生活：2020 健康日历》中对传染病的预测，是根据《黄帝内经》理论，对过去几年气候实录的分析得来的。例如，国内的新冠肺炎疫情起于 2017 年的"燥"，长于 2019 年的"湿"，成于终之气的"湿热"，化于 2020 年初之气的"寒"，也将终于二之气的"暖风"。（这是我个人依据《黄帝内经》所做的分析。由于《黄帝内经》是中国古人的经验总结，因此仅适用于古人所能研究的地域范围。）

我们如果用心去感受每年气候对人体的影响，并做好自己身体的实况记录，那么在下一次疫病来时，就能心中有数，做好预防。

等到下一次时疫再来，我们做好了自己能做的，对我们不能改变的，就不会费神去忧惧。不论大自然给予我们什么，我们只要顺应之，与万物一起沉浮于生长之门，凡事顺时而为，不强求，可以事半功倍，可以身安、心安。

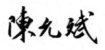

2020 年 2 月 20 日

共 防 篇

第四章 借一病为万病立法

抗疫立功的清肺排毒汤，蕴含了经1 800年临床实践的
止咳喘、祛湿气的千古名方

第五章 孕妇如何防治新冠肺炎?

中华中医药学会全国中医妇科专家建议

自 救 篇

外治篇

第七章 古人如何用外治法预防传染病？

内 调 篇

增 强 体 质 篇

第十章 防病、增强体质的代茶饮和食方

第十一章　传染病流行期易感人群的加强食方

家庭应急药食篇

第十二章　为防不时之需，
平时家里应备好哪些食材？

第十三章　家里可以常备的感冒、退热中成药

小调料，大功效篇

第十四章 抗病毒：食用和外用都很好的 厨房调味料

附录 抗病毒微课堂

"抗病毒主题"问答（2020 年 2 月 2 日直播实录）

共防篇

顺时防病，切勿逆天而行

第一章

为什么有的年份容易暴发
传染病? 如何应对?

什么样的年份人体容易生什么病 (不仅是传染病,
也包括其他普通的急性病和慢性病), 什么样的年份容易
出现传染病, 遇到什么样的气候条件会发生, 会在什么时
候开始, 什么时候消退……古人总结的这些规律, 《黄帝
内经》都有记载。

多读《黄帝内经》，预防病毒来袭

中国古人很早就发现，四季并不是简单的循环重复。每一年的天象、气候、自然环境都会有一点区别，并会影响到万物的生长，也影响人的身体。

在古代，"物"这个字专门指生物，包括植物、动物、人，也包括细菌、病毒。

所以，在同一个年份，有的生物长得好，有的生物长得不好。同一种生物，有的年份长得不好，有的年份生长旺盛。

比如，在同一年，一种水果丰收，另一种水果减产；一种体质的人身体好一点，另一种体质的人容易生病。

又比如，同一种水果，有的年份丰收，有的年份减产；同一种病毒，有的年份不出现，有的年份造成疫病流行。

因此，在不同的年份，人们应该防范什么疾病，用什么饮食调理，用什么药物来治疗，也有区别。

古人总结的这些规律，都写在《黄帝内经》里面了。

中国的农历是以干支纪年，十个天干和十二个地支相配，一共60个，用来给不同的年份命名，称为六十甲子。每60年为一个小周期，每3 600年为一个大周期，以此类推。

《黄帝内经》在以"60"为一个轮回的周期中，对每个不同的年份，自然界的变化及其对植物、动物和人的身体的影响，都有具体的说明，而且与历朝历代的实际记录对照来看，目前为止都是准确的。

这不是玄学，而是古人经过数千年对自然现象的细致观察，总结出的一套自然规律。

每一年的气候如何，自然环境会发生什么样的变化，动物长得怎么样，植物长得怎么样，人体会怎么样，《黄帝内经》全部都有详细、准确的记载，包括什么样的年份人体容易生什么病（不仅是传染病，也包括其他普通的急性病和慢性病），什么样的年份容易出现传染病，遇到什么样的气候条件会发生，会在什么时候开始，什么时候消退……

我们有空可以多读一读《黄帝内经》的原文，了解这些自然规律，就能预知病毒来袭，做好预防，在下一次流行病袭来时，能够顺时而为，心安不惧。

2020年为什么会有新冠肺炎疫情？给我们的启示是什么？

己亥年（2019年）深冬人体易生病，而且不容易好转。普通人群注意预防呼吸道传染病。

庚子年的初之气（2020年1月20日3：00到3月20日23：00）这两个月容易出现的问题：

流感（流行性感冒）、动物和人的传染病、各种炎症和皮肤问题。

——《顺时生活：2020健康日历》

提前半年根据《黄帝内经》理论对明年做一个预测，是我每年6月开始撰写第二年的《顺时生活》健康日历书的必做工作。

为什么在2018年出版的《顺时生活》（2019健康日历）和2019年出版的《顺时生活：2020健康日历》两本书里，我反复提示2019年深冬到2020年初春的传染病，而且明确时间是从小雪节气到惊蛰节气呢？

这都是来自《黄帝内经》的启示。

根据《黄帝内经》分析：己亥年深冬易暴发"疬病"（瘟疫、厉害的传染病），己亥年（猪年）、庚子年（鼠年）交接之际（2020年1月），为"大病之始"。

那么，是不是每个己亥年都有相同的疫病发生呢？不一定。

正如每一年的发展不会重复上一年，每个 60 年的周期的遭遇，也不会完全重复上一个 60 年。

这一次的"疠病"到底有多厉害？具体是什么病？需要往前追溯，至少也要从 1924 年开始研究。

其中，读者们都经历了的丁酉年（2017 年）是一个重点，己亥年（2019 年）也是一个重点，结合《黄帝内经》所讲的其他因素，综合起来就是我在 2019 年夏天，对半年后将要发生的厉害的传染病的预测分析的依据。

2019 年年底开始的传染病，起于 2017 年的"燥"，长于 2019 年的"湿"，成于己亥年终之气（2019 年 11 月 22 日 6：00 到 2020 年 1 月 20 日 2：00）的"湿热"，化于庚子年初之气（2020 年 1 月 20 日 3：00 到 3 月 20 日 23：00）的"寒"，将终于庚子年二之气（2020 年 3 月 21 日 0：00 到 5 月 20 日 20：00）的"暖风"。

其中，庚子年初之气的"化"指疫情的演变，一是热极生寒，二是盛极而衰。

以上是我根据《黄帝内经》所做的分析。

古代没有现代"流感""肺炎"这些病名，所以那时我只能分析到这个传染病的主要症状是发热、咳嗽，伴有肠胃症状，并且是动物和人都感染，因此在书里写的是防范"动物和人的传染病"。

启示：遇到反常气候，要防备 "四时不正之气"在身体内埋下隐患

丁酉年（2017 年）须润"燥"，戊戌年（2018 年）须清"火"，己亥年（2019 年）须祛"湿"……

每一年养生的重点是不一样的。

若是顺时调养，就能提高身体的抵抗力；若是没有顺时调养，这些致病因素就会潜伏在人体内，遇到合适的时机（比如感染病毒）就会发病。

2 新冠肺炎的预防重点

2017 年是丁酉年，这一年反常地"燥"。按《黄帝内经》的理论，这种燥会埋下隐患——"三年化疫"。

2017 年有多"燥"呢？回顾一下我 2017 年发表在"允斌顺时生活"公众号的部分文字：

（2017 年）春季的旱情比往年都重。

——2017 年 6 月 21 日发表《夏至：今年的养生重点》

今年……秋行春令，霜降后迟迟不冷，还特别燥。

感觉燥（口干、皮肤干、干咳）的朋友，除了要坚持吃银耳，还可以多吃一些莼菜、百合等滋阴润燥的食物。

——2017 年 11 月 21 日发表《小雪："补肾养藏汤"今年的喝法》

再过六六三十六天，我们就将告别丁酉年的岁运，进入戊戌年的岁运中。这是从传统养生的角度来计算的。

今天是甲子日，是今年最后一轮干支循环的第一天。

今天清晨，太阳刚出来就隐没入云层。

辰时，我在家中阳台静坐，果然等到了太阳最终冲破云层而出的刹那，天空出现绚丽的云霞，之后是阳光灿烂。

今年年初，我在音频里说过，丁酉岁不是一个太好的年份。现在我们已经看到了结果。

很多朋友可能在这一年都有送走身边亲友的经历。请注意：今年冬至更是一个紧要关头。

　　望朋友们保重自己，照顾好家人。起居与太阳同步，饮食增加滋补，多静养，少操劳。不论大自然给予我们什么，我们只要顺应之，与万物一起沉浮于生长之门。凡事顺时而为，不强求，可以事半功倍，可以身安、心安。

　　　　　　　　　　　　——2017 年 12 月 3 日发表《丁酉年岁末养生》

　　以上是我对 2017 年气候反常的部分记录。

　　《黄帝内经》认为，在一些特定年份，如果气候反常，埋下隐患，就会"三年化疫"。

　　2017 年反常的"燥"，就给人体的肺埋下了病根。燥气伤人，如果不及时调理，潜藏日久，就会使人咳嗽。所以，新冠肺炎虽然病机以"湿"为主，却有不少患者同时伴有"燥"的症状，感觉咽干、咽痛，就是这个原因。疫情第一个月的统计数据显示，76% 的患者有干咳症状。（数据出自《新型冠状病毒肺炎中医诊疗手册》，中国中医药出版社，2020 年 2 月出版）

　　这给普通读者什么样的启发呢？就是要注意，"风、寒、暑、湿、燥、火"这六种外气都会伤人。如果当时不发病，潜伏下来，年深日久，更难辨识和应对。所以，遇到气候反常的年份，要特别注意及时调养。

　　例如，在有"燥"的时节，及时做好润肺的功课，可以有效预防今后的咳嗽。

　　还记得我在《回家吃饭的智慧》中"银耳"一篇中分享的病例吗？每年秋冬都会咳嗽的那位男性，就是被燥气所伤。

　　《黄帝内经》说："秋伤于燥，冬必咳嗽。"所以，我们在秋季开始吃银耳来润肺，是十分重要的。

　　若是等到在人体中潜伏已久的"燥"发出病来，那时用润肺之法已不可补救。因为此时往往身体是内有伏燥，外有致病邪气相侵，一味润肺则不能祛邪。

　　因此，新冠肺炎虽然有"燥"的伏笔，却得以祛湿为主来治疗。因为有"燥"的伏笔，所以治疗起来更为不易。

启示:"湿"是万病之源

感染新冠病毒的人,如果体内还潜伏着 2017 年的燥气,加上 2019 年的湿气,它们在人体内"打架",耗伤人体的正气,湿浊壅阻心肺,就会比较难受。

下面继续以新冠肺炎疫情为例,来分析如何顺时防病、治病。时令转换了,防病、治病的重点也要随之调整。

国家卫生健康委员会(简称卫健委)于 2020 年 1 月 23 日发布的《新型冠状病毒感染的肺炎诊疗方案(试行第三版)》中说新冠肺炎的病机为"湿、热、毒、瘀",一共讲了四种因素,我看到后,有一点不同想法。

当时已进入大寒节气四天了,己亥年深冬的"热"已是过去时(己亥年最后两个月我们是用果菊清饮来祛湿热),庚子年初春的"寒"已来临(我们改用桂芝陈皮羹来祛寒)。治"热",已不合时宜。

防治新冠肺炎,我认为"湿"才是最关键点。

为什么呢? 我把原因写在了 2020 年 1 月 24 日发表的文章中。

☆ 如何预防:祛湿是重点

国家卫健委《新型冠状病毒感染的肺炎诊疗方案(试行第三版)》说,新冠肺炎的病机为"湿、热、毒、瘀"。

我认为,"湿"很可能才是最关键点。

过去的 2019 年是己亥"土"年,这种年份按《黄帝内经》说的规律是雨水多,人体湿气重。一些读者朋友们自 2018 年 8 月从《顺时生活》(2019 健康日历)和公众号都看到了,也做了预防。

事实的确如此,2019 年南方下了很多雨,北京也难得地下了好几场雪。而人体也出现了各种湿气重的表现,这一年来,很多人也留言来分享了切身感受。

看新冠肺炎的死亡病例,我们也会发现,公布的既往病史有糖尿病、高血压、脑梗、慢阻肺……而且几乎都是老人——高龄，又有慢性病或亚健康，大多身体湿气较重。

我也建议普通人如果想预防新冠病毒，可以每日吃一些祛湿的食方（比如茯苓是适合全家老幼每日食用的保健食材），并且用藿香、佩兰、苍术等芳香祛湿化浊的中药，做成香包、药浴液、洗手液等外用，来加强防护。

——2020 年 1 月 24 日发表《预防新冠肺炎的 4 个中药方如何选》

后记：

2020 年 1 月 27 日，国家卫健委发布《新型冠状病毒感染的肺炎诊疗方案（试行第四版）》，对第三版进行了修正，删除了病机为"湿、热、毒、瘀"的说法，在治法中突出了"祛湿"这个关键点。

2020 年 2 月 19 日，国家卫健委发布《新型冠状病毒感染的肺炎诊疗方案（试行第六版）》，推荐了"清肺排毒汤"，这个合方中就包含了两种祛湿经典方，一是苓桂（茯苓、肉桂）方，二是二陈（半夏、陈皮）汤，并加上了祛湿的藿香。事实证明，这个方子的效果特别好。2020 年 3 月 24 日，国务院联防联控机制发布会上，国家中医药管理局介绍，清肺排毒汤截至 23 日的样本数据，1 265 例确诊患者没有一例转为重型，没有一例转为危重型，98% 以上患者已经治愈出院。重点观测的 57 例重型患者中，42 例已经出院，服用清肺排毒汤的患者没有肝肾损伤。

人民日报官方微博在 2020 年 2 月 6 日发布消息称，观察这次新冠肺炎的病例，无论是住在 ICU 的危重症患者，还是轻症患者，舌苔普遍都很厚腻，这表示身体内的湿浊非常重。

湿气，的确是"万病之源"。湿气重的人，更容易染病，也更难治愈。

读者朋友读到这里，可以找一面镜子，伸出舌头观察一下，如果舌苔比较厚、比较腻，那么不要拖延，马上开始祛湿的调理。日常饮食中多加一些祛湿的食材，比如茯苓、陈皮，这两样药食同源的材料，健脾祛湿有特效，又特别平和，可以长期坚持吃。

预测：疫情会持续多长时间？

在《顺时生活：2020 健康日历》中，我对于 2020 年年初传染病结束时间的预测是到惊蛰节气为止，即春分日之前。这也是根据《黄帝内经》来分析的。

☆ **现场问答**

（《疫情期间，普通家庭如何防护》2020 年 2 月 2 日直播实录）

观众问：老师能否预测一下这次疫情的持续时间？

允斌答：根据《黄帝内经》，我认为应该在今年的惊蛰节气期间（2020 年 3 月 5 日 10：57 到 3 月 20 日 11：50），疫情就差不多能够平息了。我们到时候可以看一看。

在《顺时生活：2020 健康日历》这本书中，我提示了己亥年和庚子年相交的这段时间，会有传染病发生。这本书是 2019 年 9 月出版上市的。

去年写稿时，我是忠实地把根据《黄帝内经》所分析的内容写在了我的日历书里的：在己亥年的冬天与庚子年的春天这样一个交接的时期，会发生比较厉害的传染病，并且可能就是由动物传人的传染病。

现在的的确确发生了。由于古代没有现在这些病名，所以《黄帝内经》不会说是"流感"，也不会说是"肺炎"，只是讲了症状，我发现这些症状全部都是呼吸道病毒感染的症状。当时我就想，厉害的呼吸道传染病能有什么呢？我真的都不敢想是类似于"非典"这种严重的传染病，如果那样，写在书里，真的是耸人听闻了，所以我在书里只写了这段时间要注意防范动物和人的传染病。

所以，《黄帝内经》里的智慧真的是超乎我们后人想象的。

事实上，我个人对《黄帝内经》的理解，不一定完全正确，我只是按照我个人的理解，写在了 2020 年的日历书里。

每个节气我都写了，在这个节气中可能会发生什么样的情况，有什么样的病症等。有兴趣的朋友可以参考。

◎ **读者精彩评论：**

若昨日之日能够未雨绸缪，今日之日就不会多烦忧

个人感觉与其风声鹤唳地出门买酒精、买消毒液、买鱼腥草，不如自我安慰，不要恐慌，平心静气。毕竟，如果过去的一年亏待了自己的身体，临时抱佛脚也是无法弥补的。谁让昨日之日不可留呢？如果无法放下紧张的情绪，无法让焦虑随风而去，那就干脆记住它。不去后悔"没有做"和"来不及"，而是反思自己的生活方式，或许也是这次疫情带来的启示呢！

——一丹

允斌点评： 非常好的总结！若昨日之日能够未雨绸缪，今日之日就不会多烦忧。除夕那天，儿子将他新一年的目标计划做成了手机屏幕保护图，每日打开手机便可提醒自己先做重要的事。

老师的日历年年买，每个节气的易发疾病我都很认真地看，因为我知道老师是有科学依据的。今年的肺炎疫情，老师早就预测到了，我整个冬天都很小心很认真地佩戴二十四节气香囊和防疫香包。

——琦琦

事实上任何感冒病毒一旦进入活体都是没有特效药可以杀死的！所有医疗都是对症治疗并发症或基础病。感冒病毒要么被强大的免疫力战胜，要么和宿主共存，使宿主成为传播者。顺时生活使大家提高了免疫力，只要不被感染、不乱吃药，就可安全渡过这次难关。

——三馨

打开正确的生活方式就是从陈允斌老师的健康日历开始！看着天气一天天地变暖，读着陈允斌老师的文章，跟随节气的变化更新食方，生活真的充满正能量！小康生活就是小日子里有健康的良方。通过顺时而食的生活方式，自己的身体变得越来越好。

——仁者不忧

2020年1月1日陈老师的《顺时生活：2020健康日历》书中的《黄帝内经》选文为："故美其食，任其服，乐其俗，高下不相慕，其民故曰朴。"跟着老师学养生，每日都过着这样平淡的生活，实在是一种幸福！

——梅

第二章
顺时防病

饮食分阶段，切勿"逆天而行"

我们对抗病毒，靠的是身体的免疫力，因此，没有一个预防方可以一劳永逸。唯有跟随时节的转换，每日的一饮一食，分阶段使用不同的配方，才能更好地增强体质，提升免疫力。

① 天时不等人

新冠肺炎疫情发生以后，有的朋友才看到我前一年写的提示和食方，就来问我，错过了第一阶段的调理食方怎么办？我真的很难回答。

天时是不等人的。错过了再补，非常难。

对抗病毒，靠的是身体的免疫力

我们对抗病毒，靠的是身体的免疫力，因此，没有一个预防方可以一劳永逸。唯有跟随时节的转换，每日的一饮一食，分阶段使用不同的配方，才能更好地增强体质，提升免疫力。

如何跟随时节的转换来防病？

四季并不是简单的循环重复。每一年都有它独特的天时、地利和气候，对人体的健康也有不同的影响。

一年中，每个节气容易出现的身体问题，分为两类：一类是所有年份的普遍规律，比如冬至是一年中心源性猝死的高峰；一类是当年独有的，比如有的年份心源性猝死的病例更多，比如"非典"、新冠肺炎，在特定年份暴发。

我们对于这两者都要注意预防。

所以，我在《吃法决定活法》一书里，写了年年通用的二十四节气食方；在每年的《顺时生活》健康日历里，还会加上当年的"六气饮食方"。普通读者日常养生吃通用节气食方就可以了，而专注于顺时生活的读者们，想要更好地防病，就可以辅以每年特配的"六气饮食方"。

什么是"六气"？

《黄帝内经》按天气变化将一年分为六个阶段，称六气〔初之气、二之气、三之气、四之气、五之气、终之气（六之气）〕，每一个阶段为期两个月，由两种气候因素（风、寒、暑、湿、燥、火）主导（每年不同），它们相互作用，对人体健康产生影响。

在每一气期间，针对当季人体容易产生的问题，我们用膏方、汤方、粥方、茶方进行加强保健。

例如：己亥年的终之气（2019 年 11 月 22 日 6：00 到 2020 年 1 月 20 日 2：00）的保健方是果菊清饮，庚子年的初之气（2020 年 1 月 20 日 3：00 到 3 月 20 日 23：00）的保健方是桂芝陈皮羹。

冬天本应防寒，为什么己亥年冬季我让大家喝果菊清饮来清肺热？春天本应防上火，为什么庚子年春天我在食方里要加温补的肉桂呢？

在下一节《饮食防病的三个阶段》中我将为您一一道来。

◎ **读者精彩评论：**

只有坚持顺时生活才是养生之道

去年（2019 年）冬天，陈老师反复说要喝果菊清饮，我自认为是寒湿体质，就没喝过，没有遵守顺时养生，所以体内内热积蓄起来的湿毒，导致了口腔溃疡，很难受，一个多星期才好。要知道我很多年都不长口腔溃疡了，却在这个特殊年份特殊时期（新冠肺炎疫情期间）暴发。从这件事情中我明白了，只有坚持顺时生活才是养生之道。

——英子（湖南）

饮食防病的三个阶段

下面以新冠肺炎疫情期为例,来看看饮食防护如何顺应天时,分阶段找重点。

2019 年年底开始的传染病,起于 2017 年的"燥",长于 2019 年的"湿",成于己亥年终之气(2019 年 11 月 22 日 6:00 到 2020 年 1 月 20 日 2:00)的"湿热",化于庚子年初之气(2020 年 1 月 20 日 3:00 到 3 月 20 日 23:00)的"寒",将终于庚子年二之气(2020 年 3 月 21 日 0:00 到 5 月 20 日 20:00)的"暖风"。

其中,庚子年初之气的"化"指疫情的演变,一是热极生寒,二是盛极而衰。

以上是我根据《黄帝内经》所做的分析。仅代表个人的观点,提出来与大家探讨,倘有纰缪之处,尚希方家指正。

所以饮食防病也是分阶段的,有先后次第、不同的重点。

以下是普通家庭全家人一起吃的增强体质食方。易感人群、经常外出人群的抗病食方参见本书第 169 页。

☆ **预防阶段:2017—2019 年**

2017 年:润燥

在年初发布的音频里我谈了个人看法:2017 年(丁酉年)养生宜以防燥热为主。上半年预防风热外感病,下半年重点养心阴,预防心烦、燥热、上虚火。

饮食建议包括:本年夏至节气宜多食麦仁,秋季多吃百合、莼菜。

——"允斌顺时生活"公众号 2017 年文章

2018 年:清火

2018 年(戊戌年)是"火年",天气回暖会早,春夏将有反常的火热。

春天花会早开，夏秋果会早结。本年仲春时人体的肝气如果不调理好，容易上肝火，老年人容易血压升高。夏季容易上火。

饮食建议包括：春季可以比往年多喝一些养生绿茶，并可以将饮用时间延长到夏季。

——《时光知味》，2017 年出版

2019 年：祛湿

2019 年（己亥年）的谷雨节气会有较多雨水。本年大暑节气，身体有湿气的人会比较难过。本年初秋，人体易被湿热所困。本年仲秋，身体上燥下湿现象比往年更突出。到己亥年冬季，仍须注意祛湿热。

饮食建议包括：本年的芒种节气宜食茯苓及鸡内金，夏季多喝荷叶陈皮茶和荷叶冬瓜皮茶（根据不同体质选择），三伏黄芪粥中加入茯苓、赤小豆、白扁豆。全年宜常食莲子。

——《顺时生活》（2019 健康日历），2018 年出版

☆ 疫情期第一阶段：2019 年 11 月 22 日—2020 年 1 月 5 日

节气： 小雪到冬至（己亥年终之气阶段）

饮食方： 果菊清饮

关于这个阶段的防病重点，我在 2019 年 11 月给读者朋友们写过一个提示：

这两个月要特别注意呼吸系统疾病（如感冒、肺炎等）伤及心脏，对年轻人会留下隐患，对老年人则可能有生命危险。

由于己亥年湿气重，入冬后气温比往年偏高，所以在本该防寒的冬季，我们却喝了两个月的果菊清饮来祛湿热、清肺热。

果菊清饮

原料： 罗汉果 1 个，鱼腥草 30 克，菊花 3 克。

做法： 可以一次煮好一天的量，也可以分成三份用保温杯

泡饮。

功效：清肺、消炎、抗敏，调理咽喉炎和肺部炎症引起的咳嗽、咽炎、黄痰、青春痘。

适宜人群：经常长痘者、咳嗽痰黄者、小便黄者、白带黄者、咽炎患者、慢性炎症患者、吸烟者、"三高"（高血压、高血糖、高脂血症）患者、空气污染及雾霾严重地区的人。

☆ **案例：读者经验**

入冬以来我一直在按照老师的食方顺时生活，不断地变换着喝果菊清饮、抗流感饮、加强版梅子汤。所以，遇到了现在流行的新冠肺炎能做到心里不慌张。

——ZNF

由于我每年冬季容易上火，嗓子疼，加上现在是疫情时期，所以一直喝着果菊清饮。虽然偶有嗓子干痒，但没再像往常一样疼痛。

——飘逸隽永

香包昨天刚刚做好，最近一个月天天早上用银耳煮粥，也经常喝果菊清饮，全家老小都没有出现咳嗽、喉咙痛、感冒这些问题，哪怕偶尔喉咙稍微有点上火不适，用吴茱萸贴几天就好了。

——桑小陌

☆ **疫情期第二阶段：2020 年 1 月 6 日—2 月 3 日**

节气：小寒到大寒（己亥年终之气与庚子年初之气相交阶段）

饮食方：果菊清饮与橘香梅子汤合煮

今年深冬（2020 年 1 月），容易有传染性疾病流行。

饮食预防：将果菊清饮和橘香梅子汤同煮（孕妇去掉山楂）。

——《顺时生活：2020 健康日历》，2019 年出版

根据《黄帝内经》，从己亥年冬天开始出现的疫病，到己亥年、庚子年交接之际，会集中暴发。

原因是己亥年终之气有湿热，庚子年初之气有寒，人体寒热夹杂，抵抗力低，所以易感染，难治愈。

这段时间须重点防护，所以建议大家喝的是果菊清饮和橘香梅子汤的合方，也就是把果菊清饮和橘香梅子汤放到一起煮水喝。

橘香梅子汤

原料： 川红橘或橙子（功效：散风寒、抗病毒）2 个，罗汉果 1 个（压破），牛蒡（功效：清肺热，化痰，调理咽喉肿痛）20 克以上，乌梅 6 个，山楂 10 克（孕妇不用），甘草 5 克，陈皮 2 克，大枣（功效：调理气血，预防消化不良）6 个。

还可以增加：

1. 黄芪（功效：补气固表，平时常喝可以增强对病毒的抵抗力）30 克；

2. 玫瑰花（功效：缓解压力）20 朵。

做法： 煮 40 分钟，可煮 3 次。

由于这段时间人体寒热夹杂，所以从大寒节气开始，要增加一个食方：桂芝陈皮羹。

☆ **案例：读者经验**

我按照老师的《顺时生活》日历书过日子，感觉很好。昨天煮了加强版梅子汤，满屋飘香，喝起来酸酸甜甜的。

——梅

我发现加强版的梅子汤对睡眠不好的人特别有效。我以前没喝加强版梅子汤，晚上都是在 11 点以后才睡，现在每日喝，一到晚上的 9 点就困，而且以前还便秘，现在一天最少大便两次。

——42 群读者

我女儿感冒咳嗽，中医、西医都看了，吃了好多药也不见好。后来想起了陈老师讲的罗汉果酸梅汤，喝了两天奇迹就出现了，居然不咳了。

——风和日丽

昨晚出去风很大，我回家后感觉头及嗓子都不舒服。早晨煮了加强版甘草陈皮梅子汤，对解决咽喉方面的问题太有效果了，今天感觉好多了。

——品茗赏鱼

◎ **允斌解惑**

小丽问：柑橘果皮一定要新鲜的吗？

允斌答：新鲜橘皮与陈皮功效不同。橘皮无论新的（鲜橘皮）、陈的（陈皮）都有消食、化痰、止咳、理气、温胃的功效。而它们的区别主要是：鲜橘皮偏重于解表和泄下；陈皮偏重于健脾和化湿。它们之间最大的区别是：新鲜的橘皮气味强烈，刺激性更强，入药有局限性；陈皮比鲜橘皮更加平和，可以与各种中药配伍，适用的体质和病症范围要广得多。

☆ **疫情期第三阶段：2020 年 2 月 4 日—3 月 20 日**

节气：庚子年立春到惊蛰

饮食方：桂芝陈皮羹、七宝粥（庚子配方）

在己亥年的终之气阶段，用两个月的时间喝果菊清饮来祛除身体的湿热，清肺消炎。

进入庚子年初之气的两个月（2020 年 1 月 20 日 3∶00 到 3 月 20 日 23∶00），就可以每日喝桂芝陈皮羹，来祛下焦寒瘀，清上焦虚火。

桂芝陈皮羹

原料：肉桂 6 克，木耳 1 小把，陈皮 1 个，枸杞子 1 大把，红糖适量。

自测平时是否有以下情况：暴饮暴食，喝酒过量，咳嗽发热。若有，则加入牛蒡片同煮，煮过的牛蒡片也可以吃掉。

做法：将肉桂、木耳、陈皮、牛蒡片加水炖 1 个小时，放入枸杞子和红糖搅拌均匀后关火。

功效：补肾，养胃，调理贫血。祛下焦寒瘀，清上焦虚火。

适宜人群：血瘀体寒却又经常上火的人。

这个食方是桂芝陈皮四物红糖膏方的简化版，这个膏方是我为中老年人特配的。庚子年的头两个月，最需要增强体质的正是中老年人。

顺便说一下，庚子年是养皮肤和头发的黄金年份。肉桂能促进气血循环，改善皮肤和头发的营养供应，延缓头皮衰老，对于头发生长很有好处。头发若得到充足的气血滋养，会比平常年份长得更好。

☆ **案例：读者经验**

桂芝陈皮羹，补肾、养胃又调理贫血，很适合我们全家人。看到老师《顺时生活：2020 健康日历》书中 1 月 20 日顺时饮食的提示以来，我家隔三岔五地做着喝。最近，更是喝得频繁了。我坚信我们全家跟上老师的节奏，都能顺顺利利地度过疫期。

——Ping

七宝粥（庚子配方）

做法：先熬一锅杂粮粥（顺时粥），放少许油盐，快熟时加入切碎的荠菜、香菜、葱叶、萝卜缨（或带皮萝卜）等辛味蔬菜。

功效：排浊，祛湿，健脾胃，抗病毒。

今年多放荠菜、香菜、葱叶和萝卜缨（或带皮萝卜），预防流感及其他传染病。

冬春之交食用，有助于升阳排浊、抗病毒。

——《顺时生活：2020 健康日历》，2019 年出版

冬春顺时粥（己亥冬—庚子春适用）

原料： 共 12 种，按中药君臣佐使法搭配。

君——

云茯苓：健脾祛湿，宁心安神；

赤小豆：和血祛湿，调经通乳；

小米：滋阴清胃，补益虚损。

臣——

玉米：益肺宁心，健脾开胃；

绿豆：清肝解毒，明目去火；

荞麦：清胃止咳，减脂刮油。

佐——

燕麦米：益肝减脂，润肠止汗；

红高粱：健胃补脾，收敛固脱；

糯米：补气固肾，滋养皮肤。

使——

红米：调血益心，益脾消食；

糙米：安定心神，营养皮肤；

大米：补中益气，健脾养胃。

做法： 浸泡 2 小时，煮成粥。

关于顺时粥配方的说明，参见本书第 160 页"全家顺时粥：顺时食粥，性命无忧"。

日常饮食建议：

1. 三餐可常吃这些蔬菜：香菜、荠菜、胡萝卜、萝卜缨。

2. 做菜可多放这些调料：肉桂（或桂皮）、陈皮（打粉放入）、花椒。

3. 一定要吃主食！只有吃主食才能养好脾胃。各种杂粮按功效搭配着吃，长期坚持，比吃人参、冬虫夏草还好。在传染病流行期间，千万不要盲目节食，以免损伤正气。

☆ **案例：读者经验**

按照老师的《顺时生活：2020健康日历》中1月12日的提示，我早早就把七菜羹的食材准备好了。我采回来新鲜的嫩荠菜，焯水后放在冰箱里冷冻，大赞自己明智的做法（后面就有疫情，不方便购物了），大年初二回来后就宅在家里没有出去。今天吃着鲜美爽口的七菜羹，心里很感恩老师每个节日的暖心提示。

——爱紫色的女人

◎ **读者精彩评论：**
   最接地气的养生食疗

孩子夏天游泳，冷得穿很多衣服，还不出汗。寒假回来，一脸痘痘，我赶紧给他喝荠菜水、顺时粥、果菊清饮、梅子汤，现在好多了。

——煜

前天早上醒来后，咽喉痛，我用养生壶煮了鱼腥草、橙皮、杭白菊、罗汉果，喝了一天。晚上开始发低烧，喝了感冒灵，第二天早上醒来就好了。去年跟着老师喝了几个月当归黄芪红枣，今年喝了一夏天生姜红枣，最近一段时间，一直和孩子喝果菊清饮（加陈皮进去），身安心安。

——Luna

这些天在家，我煮了果菊清饮和加强版梅子汤。一直在喝桂芝陈皮四物红糖水。今天做了祛下焦寒瘀、清上焦虚火的桂芝陈皮羹，下午喝完之后感觉上焦清凉，这说明火气都引火归元了。还利用家里的佐料，做了很多香包，每人一个，没事儿就拿来嗅嗅，很管用！

——乐心

跟着老师冬季喝果菊清饮，近日喝桂芝陈皮羹，最后把木耳吃光光，喝了几天，感觉肚子在晨起后好多了，不再有便便没有拉干净的感觉了。

因为有老师，平时有点伤风、感冒都不怕，按照老师教的方子一治一个准。

——梅

之前的果菊清饮，现在的桂芝陈皮羹，每一步都不想错过，错过便是遗憾！不负光阴，顺时生活。

——云心落

最接地气的养生食疗。

——AI Sunny

很温暖，每日的食方无缝对接。

——一丹

◎ **允斌解惑：**

食方的功效好不好，要看怎么配伍

读者问：《顺时生活》日历上每日建议的食方都要吃吗，还是根据自己的身体情况选择？

允斌答：是这样的，书上建议的食方，如果是普遍建议的，你可以都吃；还有一种情况是，书中每五天有一个自测，到底某一个食方吃还是不吃，你可根据自测的结果选择。

一懒众衫小问：老师您好，感谢您讲的顺时生活，依据您的指导，我的体质有了明显的提升。这次对抗疫情的食方果菊清饮我也跟着喝了，但是喝后有轻微的腹泻，是不是身体太寒了？我还能喝吗？望老师指教。

允斌答：须按照《顺时生活：2020健康日历》书中几周前的提示操作：进入深冬后，应该与梅子汤同煮，梅子汤可止腹泻。

英问：陈老师，我们果菊清饮与梅子汤一同饮，但十岁小朋友可以吃桂芝陈皮羹吗？

允斌答：可以。不过桂芝陈皮四物主要是给中老年人增强体质用的。

读者问：允斌老师，现在还能把桂芝陈皮红糖与咖啡一起冲泡吗？

允斌答：可以的。

映山红问：桂芝陈皮羹可以用桂芝陈皮红糖代替吗？每日一块。

允斌答：当然可以。桂芝陈皮四物红糖本就是桂芝陈皮羹的代用品。

蓝天问：现在每日按照老师说的顺时养生，《茶包小偏方，喝出大健康》中的茶饮也一直在喝。这次的疫情也是按照老师介绍的茶包偏方做预防！效果棒棒的！请问老师，顺时粥里可以放点银耳吗？谢谢！

允斌答：可以的。

竹问：老师，请问 2020 年的顺时粥孕妇可以吃吗？盼回复，谢谢了。

允斌答：可以的。

百合精灵问：老师，您好，没有新鲜的荠菜，去年焯过水的荠菜在冰箱冻着的，可以用吗？

允斌答：可以的。

心如止水问：老师，您好！荠菜是去年开春采的，保留到现在的，行吗？

允斌答：可以。

敦敏问：陈老师，您好，新冠病毒流行的特殊时期不能出门，家里有桂皮。请问陈老师，桂皮可不可以替代肉桂？

允斌答：可以临时替代一下。肉桂：暖胃止胃痛；桂皮：理气止胃痛。如果只是调理胃的问题，肉桂和桂皮可以混用。细分起来的区别是这样：胃寒引起的胃痛，用肉桂更好；胃神经官能症，生气时会胃痛，用桂皮更好。也可以在"允斌顺时生活"微信公众号历史文章中搜索"肉桂"查看详细内容。

Erin- 玲问：有老慢支的老人可以在七宝粥里面加薤（xiè）白吗？不过他老是出汗，一吃热的东西不久就热，这是阴虚吗？这是身体差，不能调节身体寒热的表现啊。我记得好像之前看到有人留言，春天好像是可以喝薤白粥预防（呼吸道疾病）的。

允斌答：有老慢支的老人加薤白煮粥很好。如果老年人晚上躺下容易咳，甚至咳吐泡沫痰，平时也可以常喝薤白粥。

薤白粥

原料：薤白 30 克，大米适量。

做法：买薤白回来跟大米一起煮粥来喝。

老年人祛湿，要注意心肺部位。老年人湿气重影响到心肺部位，容易产生痰多、慢性支气管炎、胸闷甚至胸痛。饮食调理可以用薤白煮粥喝。

薤白是薤（苦藠）或野菜小根蒜的鳞茎。它既是蔬菜又是中药，在药店可以买到干品。

薤白能化解心肺和脾胃的水湿，上能缓解胸闷、心痛、化痰平喘，调理慢性支气管炎，中下能止胃痛减轻寒气、腹痛，下能通便，又能调理慢性肠炎和寒气引起的腹痛。

新冠肺炎到底是"温"还是"寒"？

在新冠肺炎疫情暴发初期，大家曾经讨论，到底这次疫情是湿温疫还是寒湿疫？国家卫健委的第三版诊疗方案强调"清热"，第六版诊疗方案则强调"寒湿郁肺"。这说明先发病的人和后发病的人症状有区别。

所以进入 2 月后，医生们基本一致认定这是寒湿疫。

其实，新冠肺炎疫情以"湿"为主。大寒节气之前，有"温"；大寒节气之后，就是寒了。

从大寒节气开始，防治新冠肺炎，确实要祛寒湿。

但是，对于新冠肺炎的预防，其实最初是从祛湿热开始的。这个预防的时间，是从 2019 年 11 月小雪节气，到 2020 年 1 月小寒节气，此时需要给身体祛湿热。因此，在这两个月，我给大家开的保健茶方是果菊清饮。

到了 2020 年大寒节气之后，庚子年春寒来到时，再用食方来防寒。

实际天气状况：2 月 14—16 日，全国气温骤降十几摄氏度，不仅北方下雪，连南方也有多地下雪，湖北遭遇"断崖式降温"并下雪。

预测：己亥深冬暖，庚子初春寒
（2020 年 2 月 2 日直播实录）

己亥年人体湿气非常重，而且冬天不寒冷，反而有点热，所以，如果在过去的两个月（指 2019 年 11—12 月）里，我们没有清除身体的湿热，就很容易感染病毒，很容易发热咳嗽，甚至患上肺炎。

《黄帝内经》对于庚子年的春天又有什么样的记述呢？它认为庚子年的春天是偏冷的，会有寒气，所以我们要注意的是防寒。《顺时生活：2020 健康日历》书中曾提前预警：可能会有雨雪，大幅降温，要注意防寒防病。

同时，《黄帝内经》中也有描述：己亥年与庚子年这两个年份相交的时间会有传染病暴发，而且这个病是厉害的传染病。

这些都是我们祖先的智慧，所以，我建议大家都好好读一读《黄帝内经》，让我们更好地顺时养生。

补记：

以上是 2020 年 2 月 2 日所言。其后的天气实况报告验证了《黄帝内经》的准确性。

关于己亥深冬的暖：

2 月 16 日媒体报道，2020 年 1 月，全球气温破历史纪录，是自有气象记录以来最热的 1 月，甚至南极气温首次突破了 20℃。

关于庚子初春的寒：

2 月 14—16 日，全国气温骤降十几摄氏度，不仅北方下雪，连南方也有多地下雪，湖北遭遇"断崖式降温"并下雪。

◎ **读者精彩评论：**

顺时生活，即使病毒横行，依旧可以心安而不惧

想给自己也给顺时生活的朋友们提个建议，《顺时生活》日历一定要反复看，有时间要把一年的节气食方、茶方、保健饮方都看看，以便提早准备食材，而且对待不太理解的食方，也要对照日历的自查来看是不是真的不适合自己，假如真的不适合自己，再按照老师的提示用替代方子进行替代，总之一定要坚持，这一点最重要。

当初，我按照《顺时生活》日历中说的要从 2019 年 11 月 22 日喝到 2020 年 1 月 19 日的己亥六气保健饮——果菊清饮就不是很理解，自认为好像不太适合，所以当时没有及时用这个保健饮方。直到 11 月底，有一天因为嗓子不太舒服，就试着煮了一次，结果喝了一天就好了，感觉很神奇，就这样一直坚持了下来！

——杨杨

跟着节气顺时养生，顺应自然规律，顺应天地，身体自然会健康。玫瑰花解肝郁，茯苓粉健脾祛湿，老荠菜寒热通杀……这些平和的食材可以经常食用，增强身体的抵抗力；再配合经络梳，身体气血充足，血液循环畅通，身体所有的不正常都会慢慢恢复正常。所以一饮一食，生活习惯真的很重要！如果没有良好的生活习惯和心态，再好的茶方、药方都只是形式！

——倩儿

希望更多的人能回归传统的养生方式，跟随节气转换来过日子。我们一起来顺时生活，祈愿大家都能得天之助，不负光阴……

——Wei

在这么严重的传染病面前，我才知道顺时养生多么重要，去年年初跟着老师顺时养生，后面没坚持，临时抱佛脚，没用啊。明天一定从头开始，像陈老师说的，20年后一定会感谢自己！

——燕双

按老师的方法顺时生活，平时提升了自身免疫力，关键时刻就能抵御外毒的侵入，一定会顺利过关。

——微笑

我一直在想，可能有很多人只是得了普通的感冒发热，用老师平时教的葱姜陈皮水、蚕沙竹茹陈皮水都应该很有效，如果实践过，这时就不会太惊慌，可以先分辨清楚再决定是否去医院。今年冬天没少喝果菊清饮，没有出现往年冬天容易咽喉痛、感冒的现象。希望这次疫情平稳度过。我已经深深感受到顺时养生的神奇，来年我会更加认真地按照《顺时生活》日历的提醒来养生。

——琦琦

4 冬天本应防寒，
为什么己亥年的冬天却要祛湿热？

2020 年 2 月 2 日直播实录：

己亥年（2019 年）湿气特别重，而且己亥年最后两个月，按照《黄帝内经》的说法，是"时寒气热，流水不冰，地气大发"。

什么是"时寒气热"？

什么是"时寒气热"？该冷不冷，病毒不能蛰伏，人体生热毒，与湿结合起来，很容易有炎症感染。

所以在我 2018 年出版的《顺时生活》（2019 健康日历）中，我提前建议大家在 2019 年冬天，要喝两个月的果菊清饮来祛湿排毒，就是为了帮助身体顺应 2019 己亥年气候环境对人体的影响。

什么是"流水不冰"？

"流水不冰"是什么意思呢？就是说平常年份水会结冰，而在己亥年的冬天，水不容易结冰了，说明气候不寒，反而有点偏暖。

我家旁边有个湖，年年冰冻得结实，2019 年冬天，我观察到，靠岸的地方总有一片水域冻不实。

什么是"地气大发"？

"地气大发"是什么意思呢？这个就非常耐人寻味了，我们可以看到，在己亥年（2019 年）的最后两个月，很多地方都出现了地震。

这两个月地震频发，连一向少地震的湖北也地震了。2019 年 12 月 26 日湖北应城地震，震中距离武汉只有 97 千米。江汉平原地势低洼，难得地震。当时我正好去距离震中很近的地方讲课，我特意问当地上年纪的人上一次地震是何时，他们都说记不清了。那个晚上，有 3 个不同地域先后地震。

古人有一句话是"大灾之后常有大疫"。

一般来说，在地质灾害后，就会有疫病流行，为什么呢？因为地下也可能埋伏着病毒，地震过后，潜伏在地层深处的病毒就会出来。此外，地质灾害也容易促进传染病的传播。当然，这只是一个规律。原因还有待专家分析，作为普通人，我们不要妄自揣测。

第三章
遇到传染病流行怎么办?

如何选择适合自己的预防方法?

中医对于疫病防治有几千年的实践经验,有各种
治疗疫病的药方和防疫病的方法可以参考使用。中医
不用研究病毒本身,而是针对它引发的身体症状来治
疗,有时几服药就能转危为安。

① 病毒是"新"的，中药方是"老"的，能预防和治疗吗？

病毒的"新"，是指现代科学尚未对其有深入的了解，但它所引发的人体病症，例如发热、咳嗽、痰多、浑身酸痛、呼吸困难，等等，却是传统中医擅长治疗的。

每出现一种新型病毒，研究抑制它的现代药物需要时间，例如治疗SARS（重症急性呼吸综合征）的特效药研究了很多年，但是疾病不等人，此时正是中医药发挥优势之时。

中医对于疫病防治有几千年的实践经验，有各种治疗疫病的药方和防疫病的方法可以参考使用。中医不用研究病毒本身，而是针对它引发的身体症状来治疗，有时几服药就能转危为安。

在预防方面，中医药擅长的就是"治未病"——提升人体正气，祛湿化浊，解毒……身体的抗病能力增强了，就不容易感染，即使得病也更容易好转。

所以，疫情会过去，而基于中医药理论的预防方法和传统饮食抗病毒感染的方法却不会过时。

**2 预防新冠肺炎的各种中药方，
真正对我们有用的是什么？**

预防方，不是杀灭病毒，
而是重在提升人体自身的抗病能力

每当传染病暴发时，都会出来 一些预防方。

例如，在新冠肺炎疫情最严峻的时候，全国有 18 个省发布了官方的中医药预防方案，再加上网络流传的民间方，让许多人不知如何选择。

还有的人拿到一个预防方就当宝，以为服下后就高枕无忧了。

其实，预防方不是万能的，如果服错了还会适得其反。

大多数人并不需要专门吃汤药来预防。汤药之所以不是食物，就因为它是专门"纠偏"的，所以对症才可服。

预防方，不是杀灭病毒，而是重在提升人体自身的抗病能力。

普通人群只需要做好起居防护，并用药食同源的饮食来预防就够了。

密切接触者、高危易感人群可以吃预防方，但是要选适合自己身体状况的。

为什么不同省开出的预防方不尽相同？

怎样选方子呢？

首先，不要相信网络乱传的、没有可靠来源的药方。要看，就看卫健委发布的正规中药方。

特别是在每次传染病流行的初期，卫健委组织专家们根据临床病例的一手材料研究出的防治方案，是非常有用的信息，我们可以根据自身情况先分析，看有哪些可以参考。

有人疑惑，为什么不同省份开出的预防方不尽相同？这很正常，条条大路通罗马，只要方向对了，具体的方法可以有多种选择。同时，不同地域还有气候环境和人群体质不同，所以我们不要照搬药方，而要理解这些预防方案透露出来的本次疫病的防治重点，例如新冠肺炎的病机是"湿"，那么我们就可以在日常饮食中多加祛湿的食物，同时家里有湿气重的人，就可以进行重点预防。

这才是各种预防方真正对我们有用的方面：提示了防病的重点。

所以在疫情期不需要拿预防方当救命稻草，而疫情结束后，也不要认为时过境迁，这些方子没有价值了。

下面我以 18 个省发布的新冠肺炎预防方案为例做一个简单分析。

我特别希望，您在疫情过去以后，静下心来看这个分析，并从中得到启发，从而在下次时疫来临时，能够快速抓住防病重点，为自己正确选方；在平常年份，也能在流感季为全家人做好防护。

3 18 省份新冠肺炎 中医药预防方案解析

补正气，必用黄芪

在新冠肺炎疫情期间，有 18 个省先后发布了中医药预防方案，它们有各自的地域特色，但有一点是相同的：重视用黄芪。

黄芪不仅在成人预防方里用，体虚易感儿童的预防方，也用黄芪。

这是中医的宝贵经验。"正气存内，邪不可干。"要提升人体正气，增强抵抗力，黄芪是首选。

黄芪补气与人参不同，它专门补脾气和肺气，而且还能固表，也就是加固人体对外的防线，防止病毒入侵。

黄芪不仅功效强大，还是药食同源的，全家人包括孕妇都可以吃。

有疫情时，不是密切接触者或高危易感人群，不一定需要喝预防方。平时爱感冒，或者身体较虚的人，可以用黄芪食方来提升正气（参见本书第 182 页"提升正气的黄芪陈皮粥"）。

注意：已经感冒咳嗽的人，不可以用黄芪。

其实，黄芪最好是在平时吃，每年有规律地吃，时刻让身体充满"一身正气"，传染病来临时身体才能从容应对。

在《吃法决定活法》一书中，已经讲过如何顺时进补黄芪。

每年三伏，人体出汗多，容易气虚。气弱体虚的朋友，在三伏期间坚持每日喝黄芪粥，能够提升中气，增强免疫功能，到了秋冬不容易生病。

祛湿、抗毒：用芳香（佩兰、藿香、苍术）

南方有几个省的预防方用了佩兰、藿香、苍术等来芳香化湿，北方有几个省也在密切接触感染者的预防方里用这些香药。

我也建议，普通人如果想预防病毒，可以每日吃一些辛香味的食物（比如香菜、葱、花椒、陈皮），它们能起到跟上面这些芳香化湿药相似的作用，同时可以用藿香、佩兰、苍术这些中药做成香包、药浴液、洗手液，拿来外用，加强防护。

"用食平疴，可谓良工"

各省发布的预防方，都很重视药食同源，一个方子中，大多数是药食同源的中药。有些省还专门发布了食疗方案。

唐代大医孙思邈在《千金方》中说过："若能用食平疴，释情遣疾者，可谓良工。"

不依赖药物，只用食物就能治好疾病，这才是好医生啊！

比如陕西省的预防方，其中一味药是梨皮，这就是以食入药，很妙。

在《回家吃饭的智慧》中我曾写过，梨皮和梨肉不一样，梨皮止咳效果好，热咳的人可以用。

所以，大多数人用饮食防护就可以了。别小看食物的力量。

用外治法加强预防

各省的预防方案中，不仅有汤药，也加入了佩戴香囊、中药熏蒸、足浴、艾灸等外治法。

这些都来自古人总结的防疫方法，建议大家多用，对于增强体质、提高人体抵抗力很有好处。

不仅是疫病流行时，平时经常用这些方法来保健也是很好的。

附录：各省发布的中医药预防方选录

湖北省

① 防新型冠状病毒感染的肺炎一号方：

组成： 苍术 3 克，金银花 5 克，陈皮 3 克，芦根 2 克，桑叶 2 克，生

黄芪10克。（开水泡，代茶饮，7～10天）

② 防新型冠状病毒感染的肺炎二号方：

组成： 生黄芪10克，炒白术10克，防风10克，贯众6克，金银花10克，佩兰10克，陈皮6克。（煎服，每日一服，分两次，7～10天）

陕西省

① 成人预防：

组成： 生黄芪15克，炒白术10克，防风6克，炙百合30克，石斛10克，梨皮30克，桔梗10克，芦根30克，生甘草6克。

用法： 药物用凉水浸泡30分钟，大火熬开后改为小火15分钟，煎煮两次，共取汁400毫升，分早晚两次服用，连服3～5天。

② 儿童预防：

组成： 生黄芪9克，炒白术6克，防风3克，玄参6克，炙百合9克，桔梗6克，厚朴6克，生甘草6克。

用法： 药物用凉水浸泡30分钟，大火熬开后改为小火15分钟，煎煮两次，共取汁50～100毫升，每日分2～3次口服，连服3～5天。

③ 食疗方案：

可适量食用荸荠、百合、莲藕、雪梨、银耳、山药、山楂等；可适量饮用白茶、茉莉花茶、金银花茶等。

河南省

适用于（疫病）流行期间普通人群的预防：

组成： 紫草10克，赤小豆30克，绿豆30克，生甘草6克。

用法： 一日一服，水煎服，每日2次，可连服6天，无不适可继续服用。

注意事项： 脾胃虚寒、腹泻者慎用，孕妇慎用。

"人体平和，惟须好将养，勿妄服药"

唐代大医孙思邈在他的名著《千金方》中引用医圣张仲景的话说："仲景曰：人体平和，惟须好将养，勿妄服药。药势偏有所助，令人脏气不平，易受外患。"

这句话讲的是没病不能随意乱吃药。药是有偏性的，没病的人吃了会导致脏气不平，反而使体质变差，抵抗力下降，容易生病。

所以不是在疫区，没有密切接触感染者，也不是高危易感人群的，真的没有必要到处寻求预防的药方，或者买一些中成药，比如板蓝根颗粒、双黄连口服液等来随意服用。

药物易伤脾胃，反而影响人体正气。普通人选择药食同源的食材来防护就可以了。

第四章
借一病为万病立法

抗疫立功的清肺排毒汤，
蕴含了经1 800年临床实践的止咳喘、
祛湿气的千古名方

清肺排毒汤方意中所蕴含的几个经方、食疗方，
是普通家庭也能用得上的。这几个经方也有中成药，
而且非常实用。方中所用到的茯苓、陈皮，更是祛湿
的好食材。

大疫出大医
清肺排毒汤的组方来源

这一场疫病的传染性很强，被感染的人出现乏力、发热、咳嗽、呼吸困难等各种症状，甚至在痛苦中离世。万家闭户，街巷萧瑟。

一个大家族 200 多人，病死率竟接近 70%。

…………

这一幕发生在 1 800 余年前的中国。

《伤寒杂病论》："启万世之法程，诚医门之圣书"

大疫出大医。

"感往昔之沦丧，伤横夭之莫救"——那个大家族中幸存的一人，怀着悲天悯人之心，发奋"勤求古训、博采众方"，穷尽毕生心血研究出济世活人的良方，写成一部医学巨著。

它"借一病为万病立法"，既可用于治疗疫病，又可用于治疗各科内伤杂病。

自此之后的 1 800 余年间，这本传世经典在多次疫病暴发时，都发挥过巨大作用。现在我们对抗新冠肺炎，也主要依靠这本书的思想来治病救人。

这位伟大的医生就是张仲景，后世尊称他为"医圣"。

这部伟大的医书就是《伤寒杂病论》，后世尊称它为"启万世之法程，诚医门之圣书"。

在新冠肺炎疫情期间，国家卫健委先后发布的几版中医诊疗方案中，都有源自它的治法和药方。最后发布的推荐方清肺排毒汤，更是由《伤寒杂病论》中的几个经典药方组成的合方。

清肺排毒汤治疗新冠肺炎的有效率90%以上

我在2020年2月8日写文推荐了清肺排毒汤，以及它所包含的4个经典中成药处方和2个食疗方。清肺排毒汤的实际疗效如何呢？

2月17日，国务院联防联控机制新闻发布会上介绍，最新数据：10个省用清肺排毒汤治疗新冠肺炎701例（包括重症），目前有效率94%。

这次时疫发生后，出现了不少治疗的中药方，有国家卫健委和各省权威发布的，有各地医院自拟的，有专家或民间医生推荐的。在众多药方中，我给大家推荐的是清肺排毒汤。

这个方子是由几个经方组成的合方，普适性较强。

在疫情蔓延、专业中医人员短缺的时候，做到一人一方很难，所以，推广这种方子是好办法。

如今看来，它的效果确如预期——10省治疗701例，目前661例有效。对其中有详细病例信息的351例分析显示：重症患者中已有50%转为普通型或治愈，而所有的轻型、普通型患者没有一例转为重型或者危重型。

其实清肺排毒汤还有一个好处是：不仅可以治疗新冠肺炎，也可以治疗其他肺炎、流感重症和咳喘发热。

这意味着，没有确诊的疑似病例也可以用，不会在等待确诊时贻误最佳治疗时机。而且它药性相对平和，比服用现代抗病毒药物更安心。

——本文于2020年2月18日发表

扫描上方二维码，
观看"万世医宗"视频

**2 了解清肺排毒汤，
对没生病的普通人有什么好处？**

那么，了解这个方子对于没有生病的朋友们有什么意义呢？虽然大家可能用不到清肺排毒汤这个合方，但是方意中所蕴含的几个经方、食疗方，是普通家庭也能用得上的。

其实很多人平时也服用过这几个经方的中成药，它们都是经典的中成药，而且非常实用，只是很多人日用而不知。

了解这些中成药，不仅自己和家人在发热、咳嗽、得流感的时候可以用，而且还能在一些慢性病患者身上用，尤其是身体湿气很重的时候显出奇效。

清肺排毒汤来源于张仲景《伤寒杂病论》中的几个经方，这些经方现在都做成了中成药。

（1）麻杏石甘汤的中成药：麻杏止咳糖浆、麻杏止咳片等。

这个方子治疗热性咳喘，常用于急性肺炎、急性支气管炎。

（2）射干麻黄汤的中成药：寒喘丸。

这个方子治疗寒性咳喘，咳嗽伴有痰鸣音的可以用。

（3）小柴胡汤的中成药：小柴胡颗粒。

肺炎、流感患者，如果退热后，又反复地发热，就可以用小柴胡颗粒。

（4）五苓散的中成药：五苓胶囊。

清肺排毒汤蕴含的经方及相关的中成药和食疗方

国家卫生健康委办公厅
国家中医药管理局办公室

国中医药办医政函〔2020〕22 号

关于推荐在中西医结合救治新型冠状病毒感染
的肺炎中使用"清肺排毒汤"的通知

清肺排毒汤处方：麻黄 9 克，炙甘草 6 克，杏仁 9 克，生石膏 15 ~ 30 克 (先煎)，桂枝 9 克，泽泻 9 克，猪苓 9 克，白术 9 克，茯苓 15 克，柴胡 16 克，黄芩 6 克，姜半夏 9 克，生姜 9 克，紫菀 9 克，冬花 9 克，射干 9 克，细辛 6 克，山药 12 克，枳实 6 克，陈皮 6 克，藿香 9 克。

☆ 麻杏石甘汤

组成： 麻黄、甘草、杏仁、石膏。

汗出而喘，无大热者，可与麻黄杏仁甘草石膏汤。

——《伤寒杂病论》

中成药： 麻杏止咳糖浆、麻杏止咳片等。

这个方子的高明之处：它仅有 4 味药，却可治大病。常用来治疗急性肺炎、急性支气管炎等，是治疗热喘的代表方。

☆ 五苓散

组成： 桂枝 (肉桂)、泽泻、猪苓、白术、茯苓。

太阳病，发汗后，大汗出，胃中干，烦躁不得眠，欲得饮水者，少少与饮之，令胃气和则愈；若脉浮、小便不利、微热消渴者，五苓散主之。

——《伤寒杂病论》

中成药：五苓胶囊。

这个方子被誉为"利水第一方"，常用来治水肿，其实脂肪肝、肝硬化、肝腹水患者都能用到它。

其中的桂枝温补肾阳，茯苓健脾祛湿，为《顺时生活：2020 健康日历》书中推荐的今年疫情期间两个保健食方（桂芝陈皮羹、七宝粥）的首味食材。

☆ 射干麻黄汤

组成：射干、麻黄、半夏、细辛、紫菀、冬花、五味子、生姜、大枣。

咳而上气，喉中水鸡声，射干麻黄汤主之。

——《伤寒杂病论》

中成药：寒喘丸。

这个方子治疗寒喘，喉中有湿鸣音、痰鸣音的。"水鸡"就是田鸡（青蛙），比喻患者喉中有痰鸣声如同蛙鸣。这是痰阻气道的表现。原方中的五味子被称为"嗽神"，既治病又滋补，能补五脏之气。

☆ 小柴胡汤

组成：柴胡、黄芩、半夏、人参、甘草、生姜、大枣。

伤寒五六日，中风，往来寒热，胸胁苦满，嘿嘿不欲饮食，心烦喜呕，或胸中烦而不呕，或渴，或腹中痛，或胁下痞硬，或心下悸，小便不利，或不渴，身有微热，或咳者，小柴胡汤主之。

——《伤寒杂病论》

中成药：小柴胡颗粒。

肺炎、流感患者，如果退热后，又反复地发热，就可以用小柴胡颗粒。

其实小柴胡的用法特别多，许多急性病、慢性病甚至疑难杂症都能用上它，关于它的妙用可以讲上三天。

☆ 姜枣茶

注意到了吗？以上两方中都有生姜和大枣，这两样是仲景先师最常使用的食疗药。《伤寒论》有113个药方，其中55个药方用到姜、枣，用来健脾护胃、补中益气，提高人体的抗病能力和自愈能力。

为什么这么多年来，我一到立夏就提醒大家喝两个月姜枣茶呢？我想您现在会更加理解其中的好处。

☆ 米汤

以上组方，每次服药后喝大米汤半碗，津液亏虚者服一碗。

我在《回家吃饭的智慧》一书里写过：米汤是"穷人的人参汤"，用粳米（大米分粳米、籼米两种）熬制更好。

其实米汤的妙用，也是源自仲景先师。

在《伤寒论》中，粳米也是一味药，有7个药方用到它。粳米能保胃气，这对于患者是非常重要的——"有胃气则生，无胃气则死"！

这也是为什么，我一直强调吃主食的重要性。

清肺排毒汤是治疗方，不要当作预防方使用

注意清肺排毒汤是治疗方，不要当作预防方使用。预防疾病，通过食物来增强体质才是正道。

在仲景先师的经方中，70%的方子含有食物——大枣、生姜、蜂蜜、百合、米、麦，这些都是经方里的重要药物。

今年（2020年）正月十八就是仲景先师1 870年诞辰。每年我都会在我的微信公众号里举办万人在线祭拜仪式。三年前，我怀着虔诚感恩之心写下了祭辞。值此疫病横行之时，更加缅怀为中医学做出伟大贡献的医圣先师。

感恩医圣泽被后世，祈福中华。

◎ **读者精彩评论：**

经得起时间和历史考验的，才是好东西

感恩老祖先留下了这么好的瑰宝，中华子民蒙祖先之荫护，感恩！感恩国家强大，感恩生在中华。

——英子

我国中医的传统文化是先辈留给咱们的宝贝，我们应该一起把它传承下去，让更多人参与进来，不至于在以后遇到这样的病毒侵袭而不知所措。

——么么哒

关于"清肺排毒汤"的文章，真的值得每个人认真研读。文章不仅以临床实例说明疗效，更以无可辩驳的解析使我们"既知其然，又知其所以然"。不仅指导我们现在怎么办，还能防患于未然，"等到下一次时疫来临"，虽然"具体的方子会变化，但是治病、防病的思路和原理是一样的"，这些文章就像明灯一样。

——三馨

◎ **允斌解惑：**

中医可悲吗？

袁**问：中医最让人觉得可悲的地方就是：1870年后，还在用1870年前的方子。

允斌答：这正是我认为可敬可佩的地方呢——长达1870年的临床应用证明安全有效。浩如烟海的古方，能够流传并应用至今的必是经过大浪淘沙筛选出来的。时间是最好的验证。

读者"清风生酒舍，皓月照书窗"追评：上下五千年不才出了一位孔子吗？古人给我们留下这么宝贵的东西，我们应该感到幸福。

钱胖子问：老师，中医虽好，可现在的中药材，质量怎么保证？

允斌答：这个真的是悲哀了。不过，现在管理法规越来越严格，相信今后会更好。

③ 清肺排毒汤蕴含的千古祛湿方，家庭食疗如何用？

清肺排毒汤蕴含的祛湿特效食方

以下重点介绍清肺排毒汤方意中蕴含的祛湿特效方，同样出自医圣张仲景，我们可以把它们做成简单好用的祛湿食疗方，平时保健也可以吃。

☆ **苓桂类方：茯苓、肉桂、五味子、白术、生姜、大枣、甘草的配伍**

清肺排毒汤中蕴含了两类中医传统的祛湿经典方，一类是二陈汤类方（以陈皮、半夏为主药），一类是苓桂类方（以茯苓、桂枝或肉桂为主药）。

这两类祛湿方都源自张仲景的经方。其中，苓桂类方几乎都是药食同源的方子。

苓桂类方对于寒湿伤及心肺（症状有胸闷、头晕、呼吸困难、心阳衰竭）者有特效，可以防治肺炎引起的心脏问题。

它对于大寒节气以后（时气：2019 年己亥年冬的湿 +2020 年庚子年春的寒）的新冠肺炎治疗乃至预防可以说是特别适合。（参阅"疫情期第三阶段：2020 年 2 月 4 日—3 月 20 日"，见本书第 19 页）。

现代人普遍湿气重，特别是经常在空调环境中的人，大多是有湿又有寒，所以苓桂类方平时用的机会也很多。茯苓是滋补品，肉桂是调料，平时做饭、做茶饮都可用。

苓桂类方：以茯苓、桂枝（我推荐用肉桂）为基础，配伍不同的药就形成了以下的千古祛湿名方。

配白术、甘草为苓桂术甘汤

治疗心肺功能差引起的心悸、浮肿、心脏病、老年咳喘、美尼尔氏病（又称内耳性眩晕或发作性眩晕，为内耳的一种非炎症性疾病，主要症状为阵发性眩晕、耳鸣、耳聋），等等。

配白术、猪苓、泽泻为五苓散

祛湿方中的利水第一方，身体浮肿松软、假性口渴、水肿、糖尿病、脂肪肝、新生儿黄疸、婴儿湿疹等疾病的治疗，都能用到它。

配五味子、炙甘草为苓桂味甘汤

老年人、肾气虚，可以用它祛湿。

配生姜、甘草为茯苓甘草汤

胃虚寒的人可以用它祛湿。

配大枣、炙甘草为苓桂枣甘汤

心脾两虚的人可以用它祛湿。

以上这些都是以茯苓、桂枝（肉桂）为基础，配伍不同的中药，而形成的祛湿方子。

这些方子里面，茯苓、肉桂、五味子、白术、生姜、大枣、甘草……都是药食同源的材料。

可以说，这些方子，除了五苓散，其他都是药食同源方。我们也可以参考这些方子，根据自己的体质选择不同的组合加在日常饮食中来祛湿。

例如，老年人想祛湿，又有些肾虚的，可以常吃茯苓、肉桂和五味子（苓桂味甘汤的搭配），煮代茶饮时适当加点甘草。血虚的人，通常心脾两虚，可以常吃茯苓、肉桂和大枣（苓桂枣甘汤的搭配）来滋补。

别小看这些寻常食材，搭配起来的效果有时比纯粹的药物还好，这就是经典名方的高明之处，既有特效，又不伤脾胃。诚如古人所说，以食入药，"用食平疴（疾）"，可谓良医啊！

☆ 日常饮食怎么用苓桂食方？

看到这里，按照《顺时生活：2020 健康日历》书中推荐的 2019 年深冬到 2020 年初春的食方，坚持每日吃茯苓、肉桂的朋友们，是不是特别想分享一下自己的亲身体验呢?

是的,大家食用后体验到的功效,历代无数人也曾体验过,并与我们一样深感神奇。

茯苓、肉桂在这段特殊时期(注:新冠肺炎疫情期间)可以用于提高身体抵抗力,也是我一年四季每日必吃的。

茯苓,全家老小都能吃,它和银耳一样,至为平和,"久服无弊",没有副作用。茯苓粥(茯苓加杂粮)、茯苓粉加鸡内金蒸鸡蛋,是我家每日的早餐。

肉桂,我把它比作"补肾药中的君子",既是一味好药又是厨房调料,平时炖肉、做食方用处很多。我喝咖啡时,也会加肉桂粉一起饮用。它不仅能增强咖啡的功效,也能给咖啡增添香味和甜味。

总之,祛寒湿有特效的苓桂组合,不仅可入药方,也可入食方。我们日常饮食中,可以用各种方法来吃它们。

◎ **读者精彩评论:**

可以从一而终的食疗方

陈老师,我是跟着您顺时而食了5年的忠实读者。这么多年,一路走来,身体哪里有点不对,直接找您书中对症的食疗方就搞定!我觉得,还是平时养生更好一些,等到生病了才去找医生,会让自己损失更多。

——仁者不忧

养生知道不吃什么比吃什么更重要,养生就在一粥一饭之间。

——煜

这些年跟着老师学着养生理念,一家人身体康健,父母虽然慢慢老去,但没有病痛的折磨,孩子平安长大,便应该感恩知足。

——琪儿

用鸡内金、茯苓粉蒸鸡蛋羹,再加入焯水的西兰花碎,妙不可言!

——KL 快乐人生

很高兴看到中医治疗发挥了重要作用。

——柳学忠

这个米汤，我爱到骨子里。有一天突然悟到这是无论什么体质，生病与否都可以喝的。于是去年夏天我们家开始用姜枣茶搭配着米汤服用，一直坚持到现在，儿子的头发变得浓密乌黑了，冬季爱感冒的老公，一冬平安无恙。所以我现在逢人就推荐米汤，用米汤煮过的米来蒸饭吃，还可以有效控制血糖。

——倩倩

◎ **允斌解惑**

读者问：老师一直强调要吃粳米，吃主食，可现在人都说粳米湿气，是碳水化合物，没什么营养，说南方湿气重，更不能吃粳米，要吃糙米，老师您怎么看？

允斌答：由于发音相似，很多人把"粳米"和"精米"搞混了。粳米是大米的品种，可以制成精米也可制成糙米。

Lucy 问：陈老师，我很喜欢咖啡的味道，加入适量的罗汉果代糖和肉桂粉喝着特别香，每日早餐后都很期待喝上一杯。春季养肝排毒，还能继续喝吗？

允斌答：咖啡也有燥湿的作用，它是苦温的，所以在《回家吃饭的智慧》里我建议大家冬季可以常喝，但其他季节，如果想喝咖啡也可以，特别是脾胃有寒湿或常食生冷的人。只要喝了觉得舒服，就可以喝。

叶琴问：陈老师，前段时间感冒后咳嗽有白痰，我喝了（您的食方）蒸大蒜蜂蜜水，咳嗽倒是缓解了，就是牙龈有点微痛，请问，是大蒜造成的胃热吗？

允斌答：在《回家吃饭的智慧》一书中我说过，牙龈微痛为寒，可以用胡椒粉煮鸡蛋来引火归元。

在各种治疗新冠肺炎的方子中，为什么我独选清肺排毒汤？

为什么在各种治疗新冠肺炎的方子中，当初我独选这一个推介呢？因为我觉得它对大家有四个意义：

1. 起效快（1 个疗程 3 服药），既能抗病毒，又能修复肺部损伤。

2. 轻、中、重症都能治，疑似病例、确诊病例都能用。

3. 平时咳喘、发热及流感重症也能用（建议咳喘比较重的才用，若只是普通肺炎高烧，建议用更安全平和的蚕沙竹茹陈皮水退热、鱼腥草消炎就可以了）。

4. 其组方来源有现成的中成药，一些家庭常见病用得上。

所以，它真的值得大家关注和了解。既知其然，又知其所以然。待到下一次时疫来临，具体的方子会变化，但是治病防病的思路和原理，都是相通的。

清肺排毒汤治疗的病例

2020 年 2 月 19 日，国家卫健委将清肺排毒汤纳入《新型冠状病毒感染的肺炎诊疗方案（试行第六版）》，并明确可用于治疗轻型、普通型、重型患者。

看具体病例——

1. 武汉居家病例：自行按方抓药，服用 2 服药后好转

该男性 1 月 22 日出现新冠肺炎症状，去定点医院打了针，当时退热，后反弹，两天一夜高烧 39 ～ 39.5℃。吃药无效，医院无床位。

2 月 8 日，病情加重，开始呼吸困难。

2 月 9 日，收到亲戚找中药馆按清肺排毒汤处方煎好的汤药（3 服药只花费 100 多块钱），下午服第 1 服。

2 月 10 日，出现流汗、咳痰，"刚开始以为有什么问题，后面才知道

是转好的表现。2 服喝下后，症状缓解，体温恢复正常，但仍有一些咳嗽、气短等症状"。

3 服药服完后（清肺排毒汤 1 个疗程只需 3 服药），精神状态良好，身体体征平稳。在中医指导下服用方剂善后。

2. 武汉住院重症病例：服用药物一服半，脱离呼吸机

一男性患者使用克力芝等抗病毒药 5 天仍不退热，呼吸衰竭，用呼吸机也呼吸困难。服用清肺排毒汤一服半，大汗淋漓，烧退后呼吸平稳，不需要呼吸机辅助呼吸，精神好转。后又服用几天，已经康复出院。

3. 河北住院病例：肾移植患者

河北省中医院收治的新冠肺炎确诊患者有一例是肾移植患者，第 1 个疗程 3 服药按原方，第 2 个疗程适当调整药物剂量。已顺利出院，恢复良好。

☆ 细辛、附子、何首乌

选上面这个肾移植病例分享给大家，是因为有些人质疑清肺排毒汤中的细辛有肾毒性，质疑细辛的剂量超过了《中国药典》的规定。这是片面的理解。其实中药是要配伍和煎煮的。就像生茄子也有毒，但我们还是天天吃，道理差不多。

我自己是尝过很多细辛的，那些年吃过的细辛加起来将近 9 斤（4 500 克）了，上一次试药是 8 年前。8 年已过，我身体至今安好。

药必亲尝，才可真正认识它，才能给别人用。我一直信奉这个理念。

可能在有些人看来这种方法属于传统中医文化"落后"的一面。现代的方式是给小白鼠吃，给参加实验的患者吃。这个当然是科学的做法。不过我愿意守着那个"落后"的做法，大家就当是我个人的一种执念吧。

附子，我吃得比细辛更多。试过一次性大剂量服用，也试过煎煮时间最短多少才不会产生反应。

其实附子才是真正有毒的，甚至能致死，但是合理炮制、煎煮后则无毒，能救治危难重症患者。所以国家卫健委的诊疗方案中，对于新冠肺炎危重症患者，提到了附子。

还有生首乌（未经炮制的何首乌，须配伍并久煮去毒）……正因为家里几代人都吃，我自己也吃，我才敢向大家推荐治疗老胃病的家传方何香猪肚汤。

我相信每个切实地用身心感受过中药效果的人，都能体会到：这些药，真的是我们的先辈经过不知多少人的实践才为我们发现的救命良药。

生为中国人，有缘继承这份遗产，我们三生有幸！

身为中国人，如何传承这份文化，我们任重道远！

◎ **读者精彩评论：**

时间是最好的见证

生首乌直接让小鼠服下，会造成严重的肝损伤。而炮制过的何首乌非但没有肝毒性，反而会对肝脏有很好的保护作用，能显著降低其他药物造成的肝损伤。中药就是这么神奇。

——子非鱼

药必亲尝，才可真正认识它，才能给别人用。老师，看这篇文章，我热泪盈眶。庆幸，我生在中国；庆幸，我热爱中医。

——琛

印象中，《茶包小偏方，喝出大健康》里的 169 个茶方，每一个陈老师都亲身用过。特别感动，因为慈悲。

——一丹

作为广东人，我对于中药是非常认可的，从喝的凉茶到煮汤用的药材，无不感到中医、中药的存在。陈老师后面的文字，让我懂得了老师对于今天中医药境地的痛心，吾辈自当传承！

——李贵珠

药为何物？药既是毒，也是药，会用的人是药，不会用的人就是毒，用物质的偏性纠正身体的另一种偏性，这就是医生用药的方法，用药如用兵。

——北国风吹

虽然大多数人还是不了解中医，没有关系，不急，时间是最好的见证。

——姚真

生的和炮制的附子我都吃过。生附子，在《中国药典》里，小剂量就能让牛中毒，但是含有大剂量的生附子，用武火煎得的四逆汤是可以起死回生的良药。炮制的附子，是可以温补肾阳的良药。

——焰

我热爱中医，并不是完全依附于陈老师和书本，或是一些专家的所言，而是自己每一样食材吃下后而出现的感觉，那种神奇的感觉才是一直让我相信和热爱中医的引路人。

——Really

从 35 岁到 40 岁的几年中，我服的中药里都有制附子，医治我身体的寒湿和失眠，之后，我就一直按着中医方式生活，到如今已有十几年，但对食材的物尽其用还是跟随允斌老师后才知道的。

——雪梅

很庆幸年前从图书馆借了一套陈老师的《回家吃饭的智慧》，才使这个年过得更加充实，并从中学到很多实用、实惠、简单的方子！

——JOB 夕月

生为中国人，有中医药的庇护，我何止是三生有幸！

——天然呆

"有胃气则生，无胃气则死"，第一次听到这句话是在 2014 年老师的现场讲座上，现在我还记得您当时举的例子，但对当时的我而言，就是笔记上的一句话而已。直到大前年的冬至前一天，深刻理解了。

——一丹

向允斌老师致敬！一个能自尝 9 斤（4 500 克）细辛的人，是何等敬业，何等负责任！就为了验证民间传说的细辛有毒！

——大平

允斌点评：母亲说过，只有自己敢吃，并且愿意给亲人吃的东西，才能推荐给别人吃。

◎ 允斌解惑

AppLe 问：陈老师，有没有可以治幽门螺杆菌的方子？一家人都感染了。

允斌答：何香猪肚汤治这个效果很好。

天街问：去年冬天用生首乌煲汤，发现能助眠，于是经常煲汤，每次都放两片生首乌，一个冬天吃了约半斤（250 克），结果夜尿（以前晚上基本不尿），尿色淡，甚至接近无色，后来不敢吃了。现在想想，（何香猪肚汤）用生首乌配伍小茴香是有道理的。

允斌答：对，何香猪肚汤如此搭配是经验积累得来的。

流绪微梦问：陈老师，我肠胃虚寒，胃胀，年前吃了七次何香猪肚汤，基本好了。可前两天不知是泡菜吃多了，还是怎么回事，又犯了两次，当时吃了陈皮蜂蜜茶缓解，效果也很好！我还有必要再喝何香猪肚汤吗？（没有胃幽门螺杆菌）

允斌答：若不再犯就不用吃了。平时用养胃饮食调理。

第五章
孕妇如何防治新冠肺炎?

中华中医药学会全国中医妇科专家建议

孕产妇是新冠肺炎的易感人群。

女性怀孕时,血聚胞宫养胎,自身容易气血失调,抗病能力下降,更容易感染疫病,而且病情发展往往较快,甚至母子皆危。中华中医药学会组织全国中医妇科专家编写了《妊娠期新型冠状病毒肺炎中医药治疗专家建议》,其中有几条重点内容我想给孕妇及备孕的朋友们具体讲一讲。

1 疫情期间，如何进行产检？

除以下项目外，其他产检项目可以不查

早孕期：NT 筛查。

中孕期：胎儿系统超声与 OGTT 筛查。

36 ~ 38 周：进行一次胎儿超声检查。

36 周 + ：每周胎心监护。

（高危孕妇或有其他妊娠并发症及合并症者，根据医生的建议进行产检。）

解析：

为了避免感染，有些项目可以不查，只查重要的，尽量减少去医院的次数。

补充建议：

哪些情况要及时去医院？

胎动异常、不规律宫缩、出血、流羊水或血压大于 140/90mmHg。

如果出现发热、咳嗽怎么办？

国家卫健委发布的《疑似感染行动指南》说明，如果出现发热、咳嗽等症状，以下情况建议采取居家隔离的方式进行观察：

1. 症状轻微，体温低于 38 ℃，无明显气短、气促、胸闷、呼吸困难，呼吸、血压、心率等生命体征平稳。

2. 无严重呼吸系统、心血管系统等基础疾病及严重肥胖者。

普通感冒、流感和新冠肺炎的症状区别

疾病	是否发热	主要表现	其他
普通感冒	不发热或短暂发热	打喷嚏、流鼻涕、咽喉不适	全身症状较轻
流感（流行性感冒）	多为高热	高热，伴畏寒、头痛、全身酸痛、鼻塞、流涕、干咳、胸痛、恶心、食欲不振等	全身症状较重
新冠肺炎	发热	发热，乏力，干咳	少数人伴有鼻塞、流涕、腹泻

居家发热患者的医学管理建议：

1. 饮食宜清淡，忌肥甘厚腻。

2. 多饮温水，少饮冰凉饮料，保证脾胃功能正常。

3. 避免盲目或不恰当使用抗菌药物。

4. 必须严格正确佩戴口罩，与家人分餐，与家人保持距离 1.5 米以上。

5. 怕冷明显者，可以选用解热散寒类的中成药。

6. 怕冷、发热、肌肉酸痛、咳嗽者，可选用清热解毒、宣肺止咳类中成药。

7. 乏力倦怠、恶心、食欲下降、腹泻者，可选用化湿解表类中成药。

8. 发热伴有咽痛明显者，可选用清热解毒利咽功能类中成药。

9. 发热伴有大便不畅者，可加用通腑泄热类制剂。

新冠肺炎孕妇的治疗

轻型（疫邪犯表证）

临床表现：妊娠期低热，鼻塞，咽稍痛或痒，或轻微干咳，轻微乏力。舌淡红，苔薄白微腻或微黄，脉浮。

推荐处方：葱豉汤合玉屏风散加味。

葱白（切段）6～9克，淡豆豉10克，生黄芪9～15克，白术9克，黄芩9克，防风9克，桑叶9克，苏叶6克，金银花6～15克，牛蒡子9克，桔梗6～9克。

加减：

咽痛明显者，去黄芪，加连翘9克。

舌苔厚腻者，加姜半夏6～9克，陈皮6～12克，茯苓6～15克。

推荐中成药：① 乏力伴胃肠不适：**藿香正气胶囊**（丸、水、口服液）。

② 乏力伴发热：人参败毒胶囊、金花清感颗粒、金叶败毒颗粒合玉屏风颗粒。

解析：

我在《回家吃饭的智慧》一书里写过的"葱花豆豉汤"，就是葱豉汤的食疗版。孕妇平时感冒或流感也可以喝这道汤，安全平和。（详细做法见本书第132页）

普通型（寒湿疫毒郁肺证）

临床表现：妊娠期恶寒发热或无热，干咳，咽干，倦怠乏力，胸闷，脘痞，或呕恶，便溏。舌质淡或淡红，苔白腻，脉濡滑。

推荐处方：藿香正气散加减。

藿香 10 克，苍术 9 ～ 15 克，陈皮 10 克，白芷 6 ～ 10 克，草果 6 克，生麻黄 6 克，羌活 10 克，生姜 6 ～ 10 克，苏叶 10 克，桑白皮 10 克，桔梗 10 克，炒白术 10 克，砂仁 3 ～ 6 克（后下）。

推荐中成药：藿香正气胶囊（丸、水、口服液）、九味羌活颗粒、连花清瘟胶囊（颗粒）；口苦、苔黄者，推荐清开灵口服液（颗粒、胶囊、片）。

解析：

藿香正气和九味羌活，这两种中成药都是传统的经典方，安全可靠，见效还特别快，孕妇、儿童、老弱人群都可以用。

恢复期（肺脾气虚证）

临床表现：妊娠期气短，倦怠乏力，纳差，呕恶，痞满，大便无力，便溏不爽。舌淡胖，苔白腻，脉缓滑无力。

推荐处方：人参白术散加减。

党参 15 克，茯苓 15 克，白术 10 克，炙黄芪 15 克，藿香 10 克，炒苍术 10 克，陈皮 10 克，砂仁 6 克（后下），炒扁豆 10 ～ 15 克。

推荐中成药：参苓白术散（丸）、生脉饮。

解析：

对于恢复期的孕妇，用的中药全部是药食同源的，补气健脾，化痰祛湿，可以安心服用。黄芪、党参、茯苓、白术、陈皮、扁豆……这些补益的食材，平时吃也是很好的。

新冠肺炎孕妇是否可以用清肺排毒汤？

在国家卫生健康委办公厅、国家中医药管理局办公室国中医药办医政函〔2020〕22号《关于推荐在中西医结合救治新型冠状病毒感染的肺炎中使用"清肺排毒汤"的通知》中，推荐的清肺排毒汤亦适用于轻型、普通型、重型新冠肺炎孕妇。注意：妊娠慎用药（麻黄、桂枝、枳实）的剂量，中病即止。

解析：

在2月17日，国务院联防联控机制召开的新闻发布会上介绍，通过对山西、河北、黑龙江和陕西四省使用清肺排毒汤治疗新冠肺炎的临床疗效进行临床观察和数据分析来看，总体有效率达90%以上，甚至重症也适用。它来自张仲景的4个经方，而且这4个经方都有现成的中成药，详情可以参阅前文"大疫出大医"（本书第39页）中的内容。

"中病即止"，这个原则其实大家平时自己在家吃药也要谨记。普通感冒、流感，吃一两次药，好转了就可以停，不要过度服药。

4 治疗时是否可以使用妊娠禁忌药物？

如病情需要，按照"有故无殒，亦无殒也"的原则，在患者知情同意后方可应用，但应严格掌握用药剂量及时间，"衰其大半而止"，以免伤胎、动胎。

解析：

"有故无殒，亦无殒也"这句话出自《黄帝内经》——

黄帝问曰："妇人重身，毒之何如？"岐伯曰："有故无殒，亦无殒也。"帝曰："愿闻其故何谓也？"岐伯曰："大积大聚，其可犯也，衰其大半而止。有故无殒，亦无殒。"

意思是孕妇患有危重大病时，可以适当使用峻下、滑利、破血、耗气等孕妇禁用药，此时疾病会承担药物的药性和毒性，不会使胎儿滑落。

"衰其大半而止"——治大病用重药，治到六七分就可以停，不要追求"斩尽杀绝"，以免损伤身体。剩下的几分，用平和药善后、用饮食调养就可以了。

☆ **案例：读者经验**

陈老师在《顺时生活：2020健康日历》书中提示过，今年要预防传染病和流感。2020年1月23日，我的家乡武汉向全世界展现出了最大的社会责任感——封城！而在这天我们家也迎来了一个新的小生命（外孙出生）。新年那天医生让我们出院，回家后每隔3小时，使用稀释的酵素水喷洒家里，消毒。我们用干鱼腥草、陈皮、牛蒡、罗汉果、加强版梅子汤、葛根粉等交替搭配着喝。在家里，按照陈老师讲的，用家里的香料做香包，平日喝消炎茶，多喝温开水，没事儿就用经络梳。我孩子坐月子时喝荠菜水，吃鱼腥草炖鸡、墨鱼粥、小米粥、醪糟鸡、当归煮鸡蛋等。跟着陈老师养生十几年，好多食物的用法吃法已经深深刻在脑海里。感恩陈老师介绍的安全放心又药食同源的好食材，让我们家小孩顺利地度过了月子期。愿疫情早日结束，病毒快点离去！！！

——42群小越（湖北）

自救篇

虚邪贼风，避之有时

第六章
《黄帝内经》教我们的防疫病方法

在《黄帝内经》和历代的医书里，有许多预防瘟疫的方法，都是古人抗疫的经验总结，经过长期实践证明有效的，我们可以借鉴。

"食饮有节"

不吃什么比吃什么更重要："肝病禁辛，心病禁咸，
脾病禁酸，肾病禁甘，肺病禁苦"

《黄帝内经》说人长寿要做到五件事，其中之一就是"食饮有节"——懂得什么不宜吃、何时不宜吃。不同的病有不同的饮食禁忌，称为"五禁"。"五禁"为：肝病禁辛，心病禁咸，脾病禁酸，肾病禁甘，肺病禁苦。

食物分甘苦酸辛咸五种味道，每一种味道的功效不同。哪一个脏腑虚而导致疾病，就要忌食特定性味的食物。

这句话告诉我们两件事：

第一，古人对于通过饮食来治病是很讲究的，有精细的区分，并不是现代人想的"生病了，喝点鸡汤补充营养"之类的。这得看是什么病。

若是外感（呼吸道病毒感染，例如感冒、流感、急性肺炎），就不宜吃鸡——"感冒吃鸡，神仙难医"！

当然，现代养殖的鸡确实也没有古代的鸡肉那么大补了，若是鸡肉含抗生素超标，吃下去有什么效果还需要研究。

第二，古人治病讲究要治本。"五脏病（肝病、心病、脾病、肾病、肺病）"指的是病的原因，不是病的部位。

例如新冠肺炎，病的部位虽然在肺，发病的主因却在脾。所以《黄帝内经》对这次疫病，既提示了在什么气候条件下会发生、发生的时间阶段，也给出了饮食起居的具体宜忌。

◎ **允斌解惑：**

"感冒吃鸡，神仙难医"

天然呆问：老师，每次家人生病我都不会让家人吃鸡肉和鱼肉，而是清淡饮食，不增加脾胃的负担。但是这次的新冠肺炎为什么要求患者喝鸡汤啊？尤其很多患者上吐下泻，这个时候吃这种食物真的能增强抵抗力吗？

允斌答：我不赞同肺炎患者都喝鸡汤。法国人感冒虽然是喝鸡汤，但里面要放大蒜、洋葱、胡椒粉，主要是这些调料在起作用。如果只用鸡肉是不行的，"感冒吃鸡，神仙难医"啊！

以"湿"为主的病，宜什么，不宜什么?

新冠肺炎是一种"湿"疫。对于这类疫病，《黄帝内经》提示我们要注意三点：

1. "食无太酸，宜甘宜淡"。
2. "勿食一切生物"。
3. "无久坐"。

不宜吃太酸的食物

因为湿伤脾，脾虚的人容易得病。适当的酸，有助消化；过度的酸，则可能伤脾胃。而且酸味收敛，平时吃可强身可防病；如果外感病时吃，却不太利于发散病气。

注意："太酸"主要指过度的酸味。如果一样食材有酸味，但是还有其他的味道，那么要看整体的功效。比如新鲜的梅子是酸的，但是炮制成乌梅，就减少了酸味，增加了苦味，变成健胃的了。

一个食方有酸味的食材，但是有其他的食材与它搭配平衡，那么就要看这个食方整体的功效。

宜吃甘味和淡味

因为甘味和淡味是健脾的。

人在发热、咳嗽时，会感觉气虚乏力、脾胃功能变差。

甘味是养脾胃、补气的，所以这个时候宜吃甘味的食物，而且主要吃甘味中的淡味食物（甘味分为甘甜和淡味两种）。

大米、面、杂粮，这些主食都是甘味中的淡味，它们都有补脾胃的作用。所以在新冠肺炎疫情期，我给大家的预防食方中有七宝粥，并且特别强调了吃主食的重要性。

茯苓，也是甘味中的淡味，健脾又祛湿，无论是疫时防病还是平时养生，都可以常吃。

黄芪、肉桂、党参、甘草，这些能提升人体正气的药食，都是甘味的。

预防新冠肺炎，各省开出的预防方中几乎都有黄芪，用来补气固表。

国家卫健委治疗新冠肺炎推荐使用的清肺排毒汤，里面包含的张仲景的经典祛湿类方"苓桂剂"，也是以茯苓、肉桂为主药。

"勿食一切生物"：切勿吃生冷

不要吃任何生冷的食物，这是为了保护脾胃不受寒。

对于新冠肺炎，在国家卫健委发布的诊疗方案中，第一种中成药就是藿香正气水。而藿香正气水最常用来治疗的病症就是"外感风寒，内伤饮食"——吃了生冷食物后的肠胃型感冒。

《黄帝内经》不仅预知一种疫病发生的前提条件和时间，还预知何种饮食会加重其病情，其精准真是令人叹服。

"无久坐"：久坐生湿

《黄帝内经》对这类以"湿"为主的疫病还特别叮嘱："无久坐"——不要长时间坐着。

"久坐生湿"，经常长时间地坐着，容易生湿气。新冠肺炎的主要病机正是"湿"。

③ 病毒专门欺负人体有虚之处："邪之所凑，其气必虚"

五脏虚的人，易被什么外邪所伤？

"邪之所凑，其气必虚。"《黄帝内经》这句话告诉我们，病邪侵入人体，一定是人体有"虚"。哪里虚，哪里就是薄弱环节，就容易有病邪侵犯。

用一句通俗的话说，就是"苍蝇不叮无缝的蛋"。如果我们要防御外来病毒，就要补好身体的"虚"。

平时，我们也可以从自己易染什么病，染病后哪里不舒服，如何不舒服，看出自己"虚"在何处。

心虚的人，容易被"热"邪所伤；

肝虚的人，容易被"风"邪所伤；

脾虚的人，容易被"湿"邪所伤；

肺虚的人，容易被"寒"邪所伤；

肾虚的人，容易被"燥"邪所伤。

得新冠肺炎的人，"虚"在何处？

脾最怕湿气。脾虚的人，遇到湿气重的时节，抵抗力容易下降。所以在《顺时生活》（2019健康日历）一书里，我强调2019年全年都要重点祛湿。在《顺时生活：2020健康日历》一书里，我建议大家在2019年小雪到2020年小寒期间要祛湿热，从2020年大寒开始要祛寒。

现在新冠肺炎发生了，我们看到，老年人和有高血压、高脂血症、高血糖的人更易感染，他们都是身体湿气较重的人。

病毒侵入人体后，哪里有湿，哪里就容易出现症状。

所以新冠肺炎患者，几乎都舌苔厚腻，大多出现乏力、肌肉酸痛。这是脾被湿邪伤害的表现。

按照《黄帝内经》所讲，不同年份流行的咳嗽，其起因不一样，有"肺咳"（肺虚引起的咳嗽），有"脾咳"（脾虚引起的咳嗽）。

新冠肺炎属于《黄帝内经》中所说的"脾咳"，因此，我们预防这种疫病，就要特别注意健脾祛湿，保护好脾胃的元气。

劳累、焦虑，都会使人变"虚"

《黄帝内经》讲人如何不生病：

虚邪贼风，避之有时。恬淡虚无，真气从之。精神内守，病安从来。

又讲人的长寿之道：

上古之人，其知道者，法于阴阳，和于术数；食饮有节，起居有常，不妄作劳，故能形与神俱，而尽终其天年，度百岁乃去。

解析：

"起居有常，不妄作劳"是教我们生活要有规律，不要过度劳累；"精神内守，病安从来"是教我们养心。这些都可以帮助我们预防疾病。

新冠肺炎疫情期间，尽管医护人员有口罩、防护服，还是有医护人员感染疫毒。为什么呢？救治患者非常辛苦，压力也大，吃饭想必是不香的，从而导致脾胃受损……这些都会耗损正气，导致抵抗力下降。

医护人员是为了救死扶伤而如此，宅在家里的朋友们，则完全有条件遵循《黄帝内经》的防病教导。与其焦虑地打听各种消息、熬夜抢购各种药，不如放松心情，好好吃饭，好好休息，对身体更有帮助。

4　"正气存内，邪不可干"
如何全面提高身体的抵抗力？

身体正气足，何惧病毒来

☆ 人体免疫力才是特效药

在我们的身边，病毒无处不在。每隔一段时间，就会有一种病毒流行。新的病毒还会变异，真是防不胜防。

要针对每一种病毒去做防范，其实是很难的。

我们要做的是什么呢？是扎紧我们自己的"篱笆"（古人称为"藩篱"，例如："筑长城而守藩篱"。中医用藩篱来比喻人体抵抗疾病的屏障），让身体正气充足。如果我们一身正气，就能"正气存内，邪不可干"，不管什么病毒来，我们都有底气去防御它。

已经得病的人，同样需要依靠自身抵抗力才能恢复。感冒、流感、新冠肺炎……这些病毒感染疾病都是自限性疾病，需要人体自身免疫力来战胜病毒。

◎ 读者精彩评论：
顺时养生、得天之助，正气存内、邪不可干

每年冬春交替的时候，我的婆婆就会有感冒和不舒服的症状。年底时，她突然呕吐、腹泻，我就用老师说的香菜陈皮水喂她喝，她喝了两次就调理好了。我自己更是最大的受益者。往年每到过年的时候，我就会喉咙疼，咳嗽好长时间。自从跟着老师顺时养生，平日里多喝果菊清饮、桂芝陈皮羹，去年居然一点都没再咳嗽了。

——自然而然

我们深居简出，阻断了被传染的可能。但我们要做的不是被动地藏，

而是主动地固本培元。内存正气，让邪气遁去无踪，方为上策。

——39 群班长杨会贞

这次疫情，我的家人都在一线，有人防控，有人保供，出门戴上口罩，就是上战场。平时跟着老师顺时生活，疫情期间不断喝果菊清饮、加强版梅子汤。老师的香包也是全家人的护身符，一切安好。

——42 群代班长杨平

☆ 想要"一身正气"，先祛除各种致病因素

想要养护身体的正气，就要先祛除体内的"邪气"，也就是各种致病因素。湿、热、寒、燥、郁、瘀、毒……这些都是人体的致病因素。

如何既祛寒，又防止上火？

（《疫情期间，普通家庭如何防护》2020 年 2 月 2 日直播实录节选）

身体上面有火，下面有寒，怎么办？

庚子年（2020 年）的初之气是从大寒到惊蛰这两个月。从今日起，我们还会经历立春、雨水、惊蛰三个节气，到 3 月 20 日，也就是春分（3 月 20 日 11：50 交春分节气）之前，我们的养生重点是什么呢？如何预防疫病呢？

要记住，这两个月，人体很容易有这样一个情况——上面有虚火，下面有寒湿，今年寒湿还会比往年更重，虚火比较明显；而人体中间的部位，也就是脾胃部位，会有一种寒热夹杂的感觉，非常难调理，这就是 2020 年我们容易生病的原因。

所以这个时候，我们要想让自己增强体质，提高抵抗力，就要调寒热。

什么叫调寒热呢？即要祛寒，又要防热，还要清虚火，所以要清我们头面的虚火。

"上火"，很多时候是指虚火

虚火怎么清呢？千万不要用寒凉的东西去清。很多人都不明白，一上火就吃清火药，这是错的！

为什么叫虚火？就是指它不是真正的火。

人们经常爱说："我上火了。"什么是"上火"呢？

如果我们身体上面有火，下面也有火，那是上火吗？这不是上火，上下都有火，这是真正的火，是实火。

如果我们只说"上火"，这说明上面有火，下面没有火，这是虚火，不是真正的火。

什么叫"上下都有火"？

首先头面有火，表现为嗓子疼，眼睛也发红；同时下面有火，会便秘，大便非常干结，小便发黄。这样一种上下都有火的现象，才叫真正的火。

什么叫上面有火，下面没有火？

如果没有大便干结，小便发黄的症状，而仅仅是上面有火的症状，就是虚火，这种情况通常都是受寒了。

为什么出门旅行容易上火？

很多人，一出门坐飞机、坐火车后，就会觉得自己上火了。

其实错了！这不是真正的火，而是虚火，是受寒引起的。

为什么呢？在飞机、火车这样的密闭环境中，都用空调通风，我们在旅途中被这种风吹的时候，不知不觉就会受到伤害。这就是贼风，偷偷摸摸侵袭我们的风。

如果我们到户外感受大自然的风，它是非常爽快地吹过来的，如果吹得人不舒服，你马上就知道躲避它。

可在飞机、火车这样的密闭环境里，通风口、空调的风一直在吹，我们可能没多少感觉，就忘记了防范它。

《黄帝内经》里说，避风如避箭。就是说，我们躲避风要像躲避敌人射过来的箭一样。因为风来了，就像敌人向我们射了一箭，如果没有躲避，它会马上钻入我们人体，给身体带来伤害。

风是从哪里侵袭人体的呢？

"风为阳邪，上先受之"，就是指我们的头面部会先被风吹到，伤到后就会产生虚火症状。其实，这是受寒的表现，由于寒气在下，所以才把虚火逼到了我们的头面。

为什么不可吃双黄连来预防新冠肺炎？

产生虚火症状后，应该怎么办呢？此时此刻，我们不要去清热，而要引火下行，引火归元。

因为这种"火"不是坏东西，它是我们人体宝贵的阳气化的火，如果我们用清热的药把它清掉，就太可惜了！

这也就是为什么，我特别不赞成大家去抢购双黄连的原因（注：新冠肺炎疫情期间，媒体报道双黄连口服液可能对新冠肺炎有效，导致双黄连一夜之间被民众抢购一空）。

双黄连是不可以拿来预防新冠肺炎的！千万不可以！！！尤其是在立春前后，如果说你在去年冬天比较热的时候〔注：《顺时生活》（2019 健康日历）曾预测 2019 年为暖冬〕，内热重，那喝上一两支双黄连口服液，倒也没有大碍，可以清热，但我不建议其他人喝，这个药太苦寒了！

在新冠肺炎疫情期间喝，尤其是在有虚火的时候喝，是不可以的，会让自己的身体更加寒凉，会伤到身体宝贵的阳气。

有虚火别乱吃清热药，厨房调料就能解决

所以，当我们感觉上面有火，而下面没火的时候，我们不要去清火。我们要记住这个火是身体宝贵的阳气，我们要留住它，它只是跑错了地方，我们要把这个火引回去，引到我们身体的下焦，让它回归本源，这叫"引火归元"。

引火归元，我们可以用到两样东西，第一样是肉桂，第二样是胡椒粉。

这两样都是我们厨房里的调料。虽然它们都是热性的调料，但是跟葱、姜、蒜都不一样，原因在于它们不会让我们上火，只会帮助我们引火归元，让我们身体下半部分暖暖的。

所以这两样调料，在这个时候是必不可少的，特别是肉桂。胡椒粉还有一点窜，但肉桂是非常温厚的。

我曾经在文章中写到，对于肉桂，我把它比作"中药中的君子"，它的"补"是非常温厚的。

肉桂是什么类型的中药呢？它是一味非常好的补肾阳的中药，而且它补得非常温柔，非常厚实。它大补肾阳，又不会让我们上虚火，而是引火归元。

这样一种补，就像一位君子，温柔敦厚，所以我把它称作"中药中的君子"。

肉桂是厨房里的常用调料，大家在炖肉的时候可以多放一些，甚至喝咖啡的时候，放点肉桂粉，效果都是很好的。

胡椒粉也是引火归元的。如果单用胡椒粉，它有一点儿窜，如果我们用胡椒粉来清虚火，就是用它来煮鸡蛋。

这个方子——胡椒粉煮鸡蛋，我在《回家吃饭的智慧》一书中也介绍过，只要吃这个鸡蛋就可以了。它是专门用于调理虚火上浮引起的牙痛的。

如果是虚火导致牙痛，它有一个特点，就是痛得不是很明显，牙龈也不太红肿，就是隐隐地痛。一般来说，如果是出门回来后，突然觉得有点虚火牙痛了，你就可以煮一个荷包蛋，起锅时撒一点胡椒粉进去，喝汤吃鸡蛋，一般吃一两次就见效了。这就是胡椒粉引火归元的作用。

为什么要用鸡蛋呢？鸡蛋是提气的，能够帮助胡椒粉把它的作用发挥到牙这里来。

肉桂，就比胡椒粉更温厚了，适合我们天天吃，天天都可以用肉桂。

尤其是在今年这样一个春天，比较寒的春天，我们要比往年更加倍地补我们的肾阳，暖我们的胃，所以这个时候，我们可以天天吃肉桂。

我在《顺时生活：2020健康日历》书里，给大家推荐这个方法：用肉桂、木耳加上陈皮，一起煮，再加一把枸杞子，之后加一点红糖，这就是桂芝陈皮羹。我们在整个春天，都可以用它来增强体质。

全家都可以用，特别是对中老年人好，因为这个方子原本就是我配给中老年人四季吃的。

在今年，全家人可以在春分之前吃这个方子；而我们中老年人（我自己也是中老年人）特别是体寒的人，平时也一直用这个方子，这就是中老年人日常保健的方子。

5 哪些中药和食物能提升"正气"？

补气的药食

药食同源的补气药：黄芪、党参、白术、山药、甘草。

补气的食物：大枣、白扁豆、黄豆、大米、牛肉、鸡蛋。

黄芪是补正气必定会用到的中药。它能"固表"，就是加固人体的外防线，使病毒难以侵入。新冠肺炎疫情期间，有十几个省在官方发布的预防方里，都采用了黄芪来补气固表。

健脾胃的药食

药食同源的健脾胃药：茯苓、陈皮、乌梅、鸡内金、赤小豆。

健脾胃的食物：莲子、荷叶、牛蒡、南瓜、各种杂粮。

脾胃之气是人体正气特别重要的一部分。有经验的医生，在给患者治病时，都会注意保护脾胃，慎用损伤胃气的药。

预防也是一样，尽量不要损伤胃气，要吃养脾胃的食物。

补阳气的药食

药食同源的补阳药：肉桂、小茴香等。

补阳的食物：香菜、香椿、韭菜、羊肉等。

各种辛香、温阳、理气的药食有助于升发阳气，阳气足了，病邪自然退散。

所以我特别不赞成过度使用清热解毒的药来抗病毒，比如板蓝根、双黄连这些寒凉药，治病用是很好的，但是没事的时候吃，苦寒伤阳气，人体正气都变弱了，怎么能防范病毒呢？

一定要吃的主食

主食是养脾胃和补气的。在疫情期，不要盲目节食，特别是不要少吃主食。

在补气的食物中，大米的力量很强大，米汤是"穷人的人参汤"。

治疗新冠肺炎的清肺排毒汤，服用后每次要喝大米汤半碗到一碗。这是来自医圣张仲景的妙法。在他的巨著《伤寒论》中，大米也是一味药，有七个药方用到它。

其他的粮食，也都各有其养脾胃和补益的功效。比如多吃各种杂粮，对于增强体质、提升正气是很重要的。

"避其毒气，天牝从来"
增强鼻子的抵抗力

黄帝曰："余闻五疫之至，皆相染易，无问巨细，病状相似，不施救疗，如何可得不相移易者？"

岐伯曰："不相染者，正气存内，邪不可干，避其毒气，天牝（pìn）从来。"

——《黄帝内经》

很多人都知道"正气存内，邪不可干"，却不知道《黄帝内经》的原文后面还有两句："避其毒气，天牝从来。"

这一段黄帝和岐伯的对话，说明古人早就知道疫病是有传染性的，得病的人会有相似的症状。而正气充足（免疫力强）、注意避免病毒通过鼻子进入体内的人，就不会受感染。

"天牝"是什么呢？就是鼻子。《景岳全书》里说："鼻为肺窍，又曰天牝。乃宗气之道，而实心肺之门户。"这说明鼻子是人体非常重要的气道和门户。

鼻子里面的鼻黏膜，是人体免疫系统的第一道防线。它能产生抗体，对抗外来的病菌。

如何避免"毒"从鼻入？

如何避免"毒"从鼻入呢？古人教给我们三种方法：

1.闻香抗毒；2.隔离避毒；3.保持鼻孔洁净。

☆ 闻香抗毒

古人很善于以香防病，他们把芳香的中药点燃，在房间里熏香，用香料做成浴包洗浴，或者做成香包随身佩戴……用这些方法来避瘟疫。

中药的药香能化浊、化湿、抗病毒，还能刺激人体鼻黏膜产生抗体。

☆ 隔离避毒

古人早就发现疫病会传染，需要"隔离"。

古代有专门隔离患者的场馆，称为"疠所""六疾馆"，用来给传染患者居住。

而且古人对于隔离的时间要求也很严格。晋代的时候，哪位朝廷官员若是家族里有超过三人染病，那么，这个官员虽然身体没病，但百日内都不允许进宫上朝。

这说明古人也知道病毒感染人有潜伏期，即使不发病的人也能传播病毒，所以一定要注意避开以下传染源——

• **已经患病的人**：要注意有些病即使好转后，也可能还有传染性，比如新冠肺炎；另外，流感患者在一星期之内都可能有传染性，婴幼儿和体弱的人时间更长。

• **隐性感染的人**：接触过患者的人，即使没有发病也可能携带病毒。

• **受感染的动物。**

☆ 保持鼻孔洁净

在疫情期，大家会抢购口罩，而平时，却疏于对鼻子的防护。

鼻子是病毒进入人体的主要关口。除了吸入飞沫，生活中常见的还有用手摸鼻子，导致病毒进入人体的情况。

每年，全世界有 350 万以上的孩子因腹泻和肺炎夭折。其中很大一部分的感染是通过手来传播，比如，不洗手就拿东西吃，不洗手就摸鼻子。

人有下意识摸鼻子的习惯动作。如果手不干净，摸鼻子时就会将病毒带入人体。所以勤洗手非常重要，而且光是用清水还不够，要用肥皂，用加了芳香杀菌中药的更好。

古代医生去有疫病的人家看病，会用芝麻油涂鼻孔，防止染毒。

我们现在有效果更好的酒精。在流行病季节，回家后，马上用酒精消毒鼻孔，能很好地预防得病。

有一年，北京刮起沙尘暴，空气很脏。我儿子和他的同学一起顶着大风回家。到家后，我马上用酒精给他消毒鼻孔。第二天，他安然无恙，他的同学因为没有消毒，却发热了。

◎ **读者精彩评论：**

妥妥的防疫神器

疫情暴发，我先是自制了香囊，家里人人手一个，床上、车上、随身都配备了，妥妥的防疫神器。幽幽药香，宝宝也爱，还有促进安睡的作用。腊月二十八时，我又到药店买了几大袋药材，根据老师的指导，春节期间少出门、不串门，隔三岔五就煲果菊清饮，清肺消积。由于市面上的防护用品太紧缺了，口罩、消毒液都很难买到，我们家就用大蒜酵素消毒，每日出门买菜回家，就用其喷外套、双手、鞋子。口罩反复省着用，太阳晒，热风吹。立春开始，继续顺时生活吃春饼、喝花茶。

——42 群姑灵精乖

◎ **允斌解惑**

认真白白问： 陈老师，我家孩子三岁，有鼻炎，最近一躺下就吸鼻子，已经两天睡不着了，很痛苦，昨天也去挂专家号，医生建议用生理盐水喷鼻子，照样不管用。请问陈老师有什么好方法滋润鼻腔吗？

允斌答： 如果是萎缩性鼻炎，鼻腔很干燥的话，可以用《回家吃饭的智慧》一书中介绍的白萝卜汁涂抹鼻腔的方法。

"虚邪贼风,避之有时"
很多时候生病,是自找的

"虚邪贼风,避之有时",这句话出自《黄帝内经》,意思是四时不正之气都能伤人,需要适时地避开。

保持身体暖暖的,可以少得很多病

其实我们很多时候生病,都是自己找的,本来是可以不生病的。

我看到现在很多年轻人,之所以经常发热、咳嗽、感冒,甚至患肺炎,往往就是因为少穿了一件衣服,或者吹了风,或者是在坐火车、坐飞机时,没有关掉旁边的通风口而受风、受寒生的病。

当我们受风、受寒时,身体的抵抗力就会大大降低,遇到病毒就更容易感染。

我住在北京,冬天有暖气,室温 16 ℃左右,但我还是会穿着薄棉袄,还穿了棉裤、高帮的加绒鞋。为什么穿这么多呢? 并不是我怕冷,而是我希望自己暖暖的。

很多人穿衣服,是以不感觉明显的冷为标准,其实不够。

要穿多少才算暖呢? 以不感觉热为标准。如果再加一件衣服就会有点发热,那么此时穿的才算够暖了。

我们要保持自己的身体一直暖暖的,才不容易被病毒侵袭。

7 岁以下的幼儿,防寒要从头部做起

前面讲全身尽量穿得暖,这是成年人的做法。小孩有一点不同。

"若要小儿安,三分饥与寒。"小孩子不要穿太厚实,避免"捂"出病来,但是小孩也要防风寒。

怎么防呢？7岁以下的孩子，一定要保护好头部，使其不要受风。

对于7岁以上的人来说，是"寒从脚下起"，冬天务必要穿暖和的鞋子，不要冻脚，产妇坐月子不能穿露脚后跟的鞋。其实普通人也应该这样做。

我冬天在家不会穿普通拖鞋，而是穿高帮的家居鞋，保护好脚后跟，使其不受凉。

而7岁以下的孩子，脚是不怕凉的。我儿子小时候，冬天光着脚在家里跑都没事，但是出门，一定要给他戴个帽子，因为他们最怕头部受风。

婴儿在家也要注意。冬天屋里凉或者开窗通风时，也要给孩子戴上帽子，薄薄的一层都可以，挡住风就行。

当然，7岁以上的人，也是要注意头部保暖和防风的。

风为百病之长——
要像防备敌人射来的箭一样防备"风"

中医认为，导致人生病的外界因素有六种，称为"六淫"：风、寒、暑、湿、燥、火。风排在第一个，为"六淫"之首，称为"百病之长"。

《黄帝内经》："风者，百病之长也，至其变化乃生他病也。"就是说风侵袭人体为各种疾病的开端。

所以"圣人避风如避箭"——箭破空而来，令人猝不及防，在顷刻之间伤人，这就是风的特点。懂医道的人，会时刻警惕风的袭击。

如果敌人在明处还好办，最怕的是"暗箭伤人"，也就是"贼风"。

对于现代人来说，什么样的风是"贼风"呢？

办公室里，飞机、火车、汽车上空调送风口的风，就属于贼风，在我们不知不觉中伤人。所以不少人有这样的经历：长途旅行之后，容易出现感冒、牙痛、头痛、咽喉不适等症状，这往往就是路上受贼风所致。

☆ **如何避开"贼风"？**

1.卧室的床，最好不要正对门口，避免贼风从门缝进来。

2.除非天气很热，睡觉时不要让打开的窗户正对自己头部。

3.在办公室，不要坐在空调送风口下面，如果不能调整位置，要用披肩、围巾等防护。

4.在飞机上，可以将头顶或身旁的送风口关闭。

5.开车时，最好将一条披肩或围巾搭在膝盖上。这是我个人多年来养成的习惯，也在讲课时教给了很多朋友。别小看这个小小的动作，它不仅可以帮助我们预防膝关节炎，也对我们养护心脏颇有好处，因为"膝与心相通"，风寒伤膝盖，日积月累也会伤及心阳。

习惯佩戴围巾，保护好人体的"咽喉要道"

我有一个常年养成的小习惯——外出时，喜欢佩戴围巾。即使天很热，也会在随身包里放一条备用。

这不是为了装饰，而是为了保护好人体的"咽喉要道"。

咽喉部位是人体内外之间的一道关卡。咽，下接食管，通于胃；喉，下连气管，通于肺。这个部位皮肤很薄，容易受寒。一旦受寒，就很容易生病。一生病，往下牵累肺和胃，乃至五脏；往上波及五官，乃至大脑。

如果不注意保护咽喉，就可能"千里之堤，溃于蚁穴"，先是小小的咽喉不适，慢慢发展为慢性病。很多人的病就是这样来的。

如果时刻保护好咽喉，它就能"一夫当关，万夫莫开"，成为我们阻挡疾病的一道屏障。

一条小小的围巾，就可以帮助我们给咽喉保暖，加强这道屏障。

戴围巾还有一个好处——遇到人多拥挤、空气污浊的环境，或旁边有人咳嗽、打喷嚏时，我会立即用围巾掩住口鼻，防止飞沫传播病毒。

平时没有疫情时，大家出门不一定会随时戴口罩，一条围巾可以起到应急的作用。

衣物消毒

其实古人也早就知道衣服上会沾染病毒，会把患者的衣服放在甑子上蒸，利用蒸汽来消毒。

我家平时的习惯是回家后马上换掉全身上下的衣服，不把外面的病菌带回家。

冬天的羽绒服和厚外套不方便每日水洗，那就放在阳台上晒太阳、吹风，让它自然消毒。

一家人如何防止交叉感染？

新冠肺炎疫情期间，发生了很多一家人互相传染的情况。有些家庭，只是过年期间聚在一起吃了个饭，就集体染病了。

我给大家分享一下我家在这段时间吃饭的方式，用一个成语来打比方，就是"退避三舍"——家人分散坐，相隔三米，各据一方，每个人都退到靠墙的地方坐着，需要取菜的时候，过来取一点，有点像西方吃自助餐，然后再退到各自的座位吃。这样既可以温馨地一起吃饭，又不用担心飞沫的传播。

这是特殊时期的方法。其实在平时，我们吃饭同样要防止交叉感染，这样可以保护全家人少得流感、手足口病、胃病等各种常见病。

☆ 夹菜用公筷，进食用个人专用餐具

去年，儿子和他的几个小伙伴发起了一个公益健康宣传项目，叫"公筷母匙"，倡导大家在用餐时用公筷、公勺。

经过孩子们的前期调查，我发现，直到如今，还是有很多家庭没有使用公筷的习惯。

中国人胃幽门螺杆菌感染率高达 50% 以上，儿童感染率也很高。

如果用公筷，可以极大地减少感染的概率。

我家是这样做的：

不仅用公筷、公勺，碗和盘子也区分公用与私用，每个人有自己的专用餐具（碗、盘、筷子和勺子），包括经常来访的亲友也各有一套。

公筷、公勺、公碗、公盘，与个人的专用餐具用明显的颜色和款式区分，这样吃饭时不容易混淆、拿错。

平时饭后，每个人自己洗自己的碗筷，与公用餐具分开洗。

聚餐后，用过的餐具用高温蒸煮 1 小时消毒。

☆ 取食和进食时不说话

母亲小时候，家里对她的教育是"食不言，寝不语"。

到现在她也有这个习惯，吃饭的时候不喜与人聊天，认真地细嚼慢咽。

吃东西的时候不说话，可以专注进食，有助于消化，也能有效防止飞沫传播病毒。古人传下来的这个礼俗真是很有智慧。

当然，现代人太忙，难得聚在一起，吃饭时间也是交流时间，聊聊天，保持心情愉快，也挺好的。

即便如此，在两个时候应不说话：

第一，盛饭菜的时候不说话。一边盛饭菜一边说话，飞沫很容易溅到饭菜上，其他人再取食的时候，就会被感染。

第二，嘴里有食物的时候不说话，这样可以专心感受食物的味道。

◎ 读者精彩评论：

跟老师这么多年，真的跟出默契来了

1 月 23 日是年二十九，我们一家四口参加亲戚家的团年饭，而他儿子正好从武汉出差回来。我们回家后马上消毒衣服、鞋物，用兰汤洗澡。用鱼腥草陈皮煮水，喝完后，戴上避疫香包各人分房睡。从 24 号至今没出过门。以下茶方轮换喝：鱼腥草陈皮水、橘香梅子汤（没有鲜橘皮，用了 2019 年的新皮）、老荠菜水、香菜陈皮水，补肺气、清肺热、清心火、健脾胃；用柿子饼、川红橘饼、无花果、苹果、南杏仁煮了水果茶，隔一两天喝一次。每餐煮饭时都会多放点水，水开后把米汤盛出，每人喝半碗，这样每日能喝上一碗米汤。后来听了老师两场抗疫直播，感慨这么多年真的跟出默契来了，基本措施都做到了，所以今天刚好一个月，我们平安度过，喝米汤还喝出了好气色。

——倩（广东）

外治篇

内病可以外治

第七章
古人如何用外治法预防传染病？

"红罗复斗帐，四角垂香囊"，是古代中国人美好的家居日常。我相信总有一天，这样的岁月静好会重现，传承千年的香囊养生文化会重新回到每个人的日常生活中，福佑我们的生命。

1 每日香包不离身

用中药香包来预防瘟疫是中国古人的一大发明。

现代科学研究发现：香包的药香味能刺激鼻黏膜，使鼻黏膜上的抗体含量提高，增强人体的抗病毒能力，对于预防感冒、鼻炎及各种呼吸道疾病都有一定效果。

2003 年的 SARS（重症急性呼吸综合征）流行，让我对中药香包的防疫作用有了切身体会。

当时北京情况最严重，我们全家都戴了特制的香包。有医院也采用香包预防 SARS，全院 1 176 人没有一个人感染，包括直接治疗患者的医护人员在内，全体平安。

2015 年 MERS（中东呼吸综合征）袭来时，我给小孩子们配了抗呼吸道病毒的香包。这个配方平时也可以用来预防流感等各种呼吸道传染病。

防流感辟疫香包

防流感辟疫香包

原料： 丁香、山柰各 3 克，菖蒲、砂仁、白豆蔻、川陈皮各 2 克，甘松、川芎、苍术、藿香、苏合香、冰片各 1 克。

做法： 将全部原料打成粉末，混合均匀，装入香囊中，随身佩戴，不时放在鼻下嗅闻。

做好的香包，我们平时扎紧它的口子，避免药味散得太快。而在有传染病流行时，佩戴时可以把它的口子稍微打开一点，并且时不时闻一下。

这样可以让香包里的中药香味刺激我们的鼻黏膜，从而让鼻黏膜产生抗体，有效地帮助我们防护各种呼吸道的病毒。

我也建议朋友们，一年四季养成用香包的习惯。出门有香包傍身，就像带了一位随身的护卫。外界的病毒往往在我们没有防备的时候不期而至，此时香包能为我们增加一道防御。

不仅如此，香包也有辅助调理身体亚健康的作用。

古代典籍多有记载用香包来充养正气、抵抗病邪、芳香化浊、通经开窍、疗愈弱疾。

有些朋友听我讲了香包的好处，用过之后就爱上了香包，连香水都不用了。

的确，古人佩戴香囊，不仅讲究它祛病强身的功效，也看重它所散发出来的隽永香气。

现代的香水，不管多么昂贵，总带有合成香精的气味。而传统的香囊，里面装的是天然的中药香料，具备实在的功效，不仅能保健、防病，还能香身、怡神，辟除汗味和蚊虫。

其实现代的名贵香水，在调香时也会加入中药来固香，这样香气才会高雅并且留香持久，肉桂、丁香、麝香、檀香、苏合香、安息香、没药，等等，都是制香水常用的原料。

特别是中药藿香，200 年前传入欧洲后，成为香水行业不可或缺的上等香料，许多名牌香水都会用它，特别是男性香水，几乎都带有藿香的味道。

藿香正是藿香正气水的主药。新冠肺炎疫情期间，藿香在各种预防方和治疗方中高频出现。国家卫健委第六版诊疗方案中，中成药推荐了藿香正气水；10 个治疗处方中，有 6 个用到藿香，就是取它芳香化湿的功效。

香包的六种用法

① **挂背包上，随身佩戴**。用来辟除汗味、防蚊驱疫，走动起来衣带生香。

② **传统佩戴法**。挂在腰带上，或挂在腋下或衣襟，悬于手肘后，香囊刚好垂于肝胆经循行位置，可以疏肝理气。

③ **挂车里**。用来净化空气、预防晕车。

④ **放书桌上**。用来宁心，帮助思考。

⑤ **放茶室里**。用来清心除烦、怡情养性。

⑥ **放家里**。将四个香囊挂在床头四角，或置放于房间四角，使满室皆香，安五脏、和心志。

古时男女皆佩香包、香囊。年轻人拜见长者，佩戴香囊是必需的礼仪。儿童佩戴香包驱虫辟邪，情侣之间赠香囊传情达意。

"红罗复斗帐，四角垂香囊"，是古代中国人美好的家居日常。

我相信总有一天，这样的岁月静好会重现，传承千年的香囊养生文化会重新回到每个人的日常生活中，福佑我们的生命。

用中药香囊防疫病有用吗？

2020 年 1 月 24 日读者问：老师，您在微信公众号的文章（《今年为什么有肺炎疫情？如何用中药预防？》，2020 年 1 月 22 日发表）中说，用中药香囊防疫病，可是官方辟谣说没有用。

允斌答：请问是哪个"官方"呢？用香囊可以防瘟疫，是自古以来经过中医实践证明有效的方法。

由于在疫情初期，提出香囊避疫的人还比较少，读者看了一些媒体说法后无所适从，所以有上面的问题发生。

在此之后，6 个省的卫健委相继将香囊预防写入官方发布的新冠肺炎诊疗方案。3 月 1 日，中国中医药管理局发布报道《中药香包"香"飘方舱医院》。

◎ **读者精彩评论:**

去味辟疫, 提高抵抗力

女儿四岁, 前段时间感冒咳嗽流鼻涕, 一个多月了还是有点流鼻涕。看了老师的防流感香包, 去药房抓了药给她做成香包戴上, 戴了两天一点都不流鼻涕了。

——我爱草药

我把四季香包放在客厅, 原先很严重的鼻炎症状好像减轻些了, 也不那么爱流鼻涕了, 碰到衣柜的过敏源, 也不容易发作了。

——芳草

我家外孙女有过敏性鼻炎, 上周晚打喷嚏、鼻塞, 我把允斌老师研制的香包打开, 为她挂在胸前, 然后时不时拿起让她闻一闻, 不一会儿明显感觉症状缓解, 她也很爱闻。

——55群红豆

我从去年11月开始做流感香包, 让孩子们顺利度过流感高发季。今天也做了一些香包佩戴, 感谢陈老师。

——维一

除夕这天突然满屏的疫情信息, 好生惧怕。赶在药店关门前, 买到了防感冒病毒香包材料, 做了香包, 闻一下, 通体舒畅, 仿佛一下子把身体各个脏腑打通了一样。尽管外面病毒肆虐, 居家生活有香包护我周全。

——心怡

年前趁药店没关门, 去配备了老师抗疫情中药香包, 那叫一绝, 一流鼻涕马上抓着中药香包闻, 吸入鼻腔后三分钟不到, 立马不流鼻涕了。

——灵

附录:
6省卫健委发布的新冠肺炎香囊预防方

在新冠肺炎疫情期间, 有几个省也在诊疗方案中加入了香包预防法。

☆ 1月27日, 甘肃省卫健委发布

香囊基本方: 藿香15～30克, 佩兰15～30克, 冰片6～9克, 白

芷 15 ～ 30 克。上述药物制粗散，装致密小囊，随身佩戴。个人可根据基本方自制。

☆ 2 月 1 日，甘肃省卫健委发布修改后的配方

香囊基本方： 藿香 15 ～ 30 克，佩兰 15 ～ 30 克，冰片 6 ～ 9 克，雄黄 3 ～ 6 克，白芷 15 ～ 30 克，艾叶 10 克。上述药物制粗散，装致密小囊，随身佩戴。个人可根据基本方自制。

☆ 1 月 30 日，河北省卫健委发布

香囊方： 藿香、佩兰、金银花、桑叶、菊花，等份为末，制为香囊佩戴。

☆ 2 月 3 日，海南省卫健委发布

香囊或空气熏蒸法： 使用芳香类中药辟秽化浊，净化空气环境。可采用沉香、艾叶、艾绒、菖蒲等适量制成香囊佩戴净化口、鼻小环境空气；也可煎、煮、熏、蒸净化居室、办公场所等局部环境空气。（注：过敏体质者慎用）

☆ 2 月 5 日，四川省卫健委发布

香囊方： 藿香 10 克，肉桂 5 克，山柰 10 克，苍术 10 克。共研细末，装于布袋中，挂于室内，或随身佩戴，具有芳香辟秽解毒之功效，以预防疫病。

☆ 2 月 7 日，湖南省卫健委发布

儿童香囊方： 艾叶 10 克，苍术 10 克，羌活 10 克，丁香 5 克，白芷 10 克，藿香 6 克，石菖蒲 10 克，川芎 10 克。共研粗末，装入小布袋，随身佩戴，放于卧室或枕边。

☆ 2 月 11 日，云南省卫健委发布

香囊方： 使用芳香类中药辟秽化浊，净化空气环境。可采用苍术、藿香、艾叶、菖蒲等适量制成香囊佩戴净化口、鼻小环境空气。（注：过敏体质者慎用）

中药熏香，净化空气，满室芳香

家里消毒，尽量少喷化学消毒剂

现代的消毒剂，虽能杀菌，但喷多了对人身体也有伤害。

有些人在家里熏醋，味道难闻，而且效果不佳。

古人是用中药熏香来消毒，不仅防疫病效果好，还能调理身体。好的配方，还能使满室芳香，风雅之极。

比如，李时珍在《本草纲目》里曾写过："术能除恶气，弭灾疹。故今病疫及岁旦，人家往往烧苍术以辟邪气。"

这是有记录的前代医家的经验：苍术能祛除病气。在疫病流行时，以及岁末年初，用苍术来熏香，就能辟除病气，不受感染。

苍术有辛烈的香味，既能化外部环境的湿浊，又能散人体内部的湿郁。它还有防治皮肤过敏、发痒的作用。

有些人喜欢烧艾叶，艾烟也可以消毒，但是光闻艾烟对人不太好，因为艾烟会散我们身体的气，闻多了以后，人体会觉得气虚、乏力。我更建议把艾拿来艾灸。

如果想在家里熏艾，一定要让家人都离开。熏完，把味道散掉后，再让家人进来。

用苍术配伍其他中药，给空气消毒，效果更好

用苍术配伍其他气味辛烈的中药，用来给空气消毒，效果更好，而且我们可以废物利用。

我经常戴中药香包，我做的香包里，苍术也是主要原料之一。香包用一段时间后，气味淡了，我就会更换里面的药。用过的香包药粉，也不扔

掉，而是放在电子熏炉里熏香。

我喜欢先放一层陈皮粉，再放中药粉。陈皮有增强药效的作用，经过加热后，中药粉里残留的药性就会挥发出来，再有陈皮的香气一提带，满室芳香，既消毒空气，又疏肝理气，而且非常好闻，闻后身心都觉得舒畅。

如果家里没有这种加热熏炉也不要紧，可以在锅里加一点水，然后把用过的香包里的药粉放进去，用水煮；当水沸腾时，就能散发出带药味的水蒸气。

如果家里没有用过的香包，也可以买一些中药，比如藿香、佩兰、白芷等，打成粉末，用香熏炉加热，或是煮水。

在疫情期间，实在不方便买药的话，也可以在家里就地取材，在厨房里找点芳香的调料，比如丁香、八角、豆蔻、肉桂、花椒，用来煮水，开小火让水一直保持微微的沸腾状态，让带有药味的水蒸气持续地净化家里的空气。

◎ **读者精彩评论：**

懂点养生知识真好，密切接触确诊病例也知道怎么应对

老公同事的父母确诊了新冠肺炎，其间我老公跟同事一起工作了五天，所以我们 1 月 23 日就开始主动隔离了，每日用中药泡脚、泡澡、熏香，将陈老师讲的苍术、藿香、佩兰、白芷打粉混合，用打火机点燃，一天熏两次房间。懂点养生知识和中医真好！不急不慌，也知道怎么应对。

——TQ（武汉，顺时养生营二期学员）

（注：该学员住在武汉，家人中有人密切接触确诊病例，但整个疫情期全家安然无恙度过。）

③ 保命之法，灼艾第一

以湿为主的病，可以多多艾灸足三里

《扁鹊心书》中讲："保命之法，灼艾第一。"

以前南方湿热，有瘴气，传染病比较多，高明的医生去这些地方，就会用艾灸来防病，而且是"发泡灸"，把皮肤灸出灸疮，隔一两天又灸，这样持续地灸着，以预防瘟疫感染。

比如新冠肺炎，病机以湿为主，可以多多艾灸足三里。足三里是管脾胃的重要穴位，艾灸足三里，可以给脾胃补阳气，有助于祛湿。

最好是每年冬至后坚持做三九（冬至后三个九天）灸，这样能很好地增强体质。

艾是纯阳之药，它的药性专入人体的足三阴。

什么是足三阴呢？就是肝经、脾经、肾经。这三条经络都走人体的下肢。艾的药性可以祛除足三阴经的一切寒湿。

艾灸、艾贴、艾浴，都有效果。经常手脚冰凉、膝盖发凉的人，用艾煮水泡泡脚，会感觉好很多。

常灸关元、气海、命门、中脘，可保百年寿

古人有一句形象的比喻："治病需要艾灸，就像做菜需要用到柴火一样。"

艾灸确实是养生防病的好方法。即使没有传染病时，人们也可以经常用艾灸来增强体质。

《扁鹊心书》还推荐了"长寿四穴"——关元、气海、命门、中脘："人无病时，常灸关元、气海、命门、中脘，虽未得长生，亦可保百年寿。"

附录：
艾灸预防方现已进入两个省的新冠肺炎预防方案中

☆ 辽宁省卫健委发布的新冠肺炎预防艾灸方案

选取大椎、肺俞、足三里等穴位，艾灸 10 ～ 20 分钟，每 1 ～ 2 日 1 次，以益气扶正、芳香辟秽。

☆ 江西省卫健委发布的新冠肺炎预防艾灸方案

选穴：中脘、神阙、关元。

操作方法：循经往返悬灸。施灸时，艾条在施灸穴区附近缓慢移动，找到热感有渗透、远传、扩散、舒适等特殊感觉的位置，进行重点循经往返施灸。

灸量：每日 1 次，每次每穴施灸约 45 分钟。

在上述基础上，能够接受麦粒灸者，对足三里穴加麦粒灸，效果更佳。

注意事项：在施灸过程中，被施灸者应注意防寒保暖，室温保持在 25℃左右；施灸后 4 小时内不宜洗澡。

◎ 读者精彩评论：
我们都顺利度过了这个多事的春节

这次的新型冠状病毒肺炎，说实话，我心里一点都不害怕。这种自信源于这两年我自学了中医，懂得"正气存内，邪不可干"。新冠病毒流行期间，我和家人几乎天天在家艾灸，艾烟也顺便把家里消毒一遍。家里还挂着两个辟疫香囊。整个春节及平时，我们家的饮食都比较清淡，素食多，肉食少，（老师讲的抗病毒食方）七菜羹里的菜经常吃，晚上也不熬夜。我们都顺利度过了这个多事的春节。

——顺时生活会 34 群小玲（珠海）

④ 兰汤沐浴

《黄帝内经》中避疫病的方法：
"于雨水日后，三浴以药泄汗。"

屈原《九歌·云中君》开篇第一句"浴兰汤兮沐芳"，讲的是用香草煮水沐浴，称为"浴兰汤"。

用芳香的中药来沐浴，是古人一个特别好的卫生习惯，可以祛湿、排毒、杀菌，预防皮肤病，祛除体内病气。

《黄帝内经》专门讲避疫病的方法有："于雨水日后，三浴以药泄汗。"讲的就是通过香草药浴，让皮肤毛孔排出毒素。其中，"三浴"是多次沐浴的意思。

为什么说在雨水节气后沐浴呢？因为古时洗浴没有现在方便，冬天寒冷，而进入春天后，天暖适合沐浴，就用佩兰、藿香等香草洗去冬日的积垢和陈疾。

兰汤的"兰"，指的是中药佩兰，它的香气清雅，孔子赞叹它为王者之香。兰汤就以它为主料。

佩兰常与藿香搭配，这两样香草都是芳香化湿、杀菌抑毒的。在新冠肺炎疫情期间，各地开出的预防方和治疗方中也频频出现它们的身影。

以藿香、佩兰煮水洗浴，不仅可以祛湿、解毒、杀菌，预防皮肤病，祛体内病气，还能让皮肤变白，使人的身体散发香气。药浴不一定是泡澡，有很多家庭没有泡澡的条件。一位读者朋友想出了一个方法——把药浴包挂在花洒下面冲淋，让水流过中药包再淋到身上。

当然，也可以将中药煮水，直接用煮好的药水来洗浴。

"兰汤沐芳"药浴方

原料：藿香 15 克，佩兰 15 克，白芷 10 克，艾叶 10 克，菖蒲 10 克，陈皮 1 个。

做法：1. 将全部中药放入锅里加水煮开，转小火煮 5 分钟，将水倒出来备用。

2. 锅里再次加水，水开后煮 5 分钟。

3. 将两次的水合并在一起，用来泡浴或淋浴，还可用来洗头发。

功效：防感染，美白香身，减少头屑，调理女性白带、月经不调、头痛。

香草沐浴，除了可以防病，还有一个好处：久用，可以褪掉皮肤的黄气，使皮肤更显白。

◎ **读者精彩评论：**

有药食材、药包、兰汤沐浴，心里不慌不惧

用藿香、佩兰沐浴的止痒效果是一流的。孩子起湿疹，我每日晚上用藿香、佩兰给孩子泡澡就不痒了，可以好好睡觉了。

——24 群小雨点（山西）

我孕期一直用，很好！还有马齿苋原液，只要身上痒，一滴立马见效。

——Emily

跟老师学顺时而食后，家里的东西太多了，什么都是宝。没想到这场疫情下来，就发挥作用了。手中有药食材、药包、兰汤沐浴，心里不慌不惧。

——小凤

◎ **允斌解惑：**

老年人湿疹可否用兰汤沐浴?

布诺芬问：老年人湿疹可否用？父亲为脾虚者。

允斌答：藿香对湿疹也有调理作用。

好好泡脚，可祛除"万病之源"
——湿气

寒气和湿结合在一起，尤其伤肾

湿气是一种很顽固的病邪，许多疑难杂症都因它而起。可以这么说，湿气是"万病之源"。

《黄帝内经》中说："伤于湿者，下先受之。"就是说湿气常常蓄积在人体的下焦——主要是管人体生殖和排泄的。凡是在这两方面有长期慢性病（比如慢性湿疹、慢性肾炎、关节炎、痛风、不孕等）的人，大多数都有湿气存在。

寒气和湿结合在一起，对下焦的伤害更大，尤其是伤肾。

日积月累，人体的抵抗力也会全面降低。

祛除下焦寒湿，最简单的方法就是泡脚。

祛除寒湿的泡脚方

原料： 艾叶 90 克，花椒 60 克，小黄姜 60 克。

做法： 将原料打成粉，做成 7 ～ 10 个足浴包，每次取一包，放在开水中浸泡后用来泡脚。

病毒容易在什么样的环境下滋生呢？就是又湿又脏的环境。

在呼吸道病毒流行时节，比如流感季节，用花椒、艾叶、姜等每日泡脚，能够祛除我们体内的寒湿之气，增强身体的抵抗力，帮助我们把体内的环境变得更干净。

大葱外面一层的葱皮，也可以用来煮水泡脚

如果材料不齐，可以看看厨房里有没有大葱。把大葱外面一层的葱皮剥下来，用它来煮水泡脚。

葱代表"通"，它能使鼻窍畅通。如果有鼻塞或是流鼻涕现象的话，用大葱煮水泡脚，效果是很好的。

呼吸系统的反射区，就在我们的脚背上

在我们的足背上，有呼吸系统的反射区，我们让这块区域暖暖的，对于提升正气、抗病毒很有帮助。

如果在疫情时期不方便外出买材料，家里什么都没有，那么您至少要用热水泡脚，这对身体有好处。

泡脚是非常重要的养生方法。南宋著名诗人陆游讲过"洗脚上床真一快"，泡完脚再去睡觉，真是一件非常舒服的事情。

◎ **读者精彩评论：**

紧张时刻可以从容应对，不用吃药顺利解决问题

我感冒好了，就是用老师配方的足浴包泡脚治好的，第二天就没事了。这足浴真棒。

——悠然见南山

以前膝盖以下怕冷，晚上盖很厚的被子都冷得难受。现在用老师配方的足浴包泡了半个月，不冷了，睡眠也改善不少。

——12群读者

最近几天因屋子里暖气温度高，不知是上火还是热感冒，嗓子肿了，吞咽时痛，全身燥热（不发热）。昨天晚上，我用葱皮和葱须（自从听了陈老师的讲座后，这些食物的边角料就都被我储存起来了）煮水泡脚，效果非常明显，泡完后就感觉全身很舒服，很轻松，躺下就睡着了。

——瑞梅（内蒙古）

昨天出去一趟，回来浑身发冷，直打哆嗦，赶紧把药枕加热热敷，然后用大葱皮和酵素煮水泡脚，一觉睡醒啥感觉都没有了。感谢老师的分享，让我在这种紧张时刻还可以从容应对，不用吃药顺利解决问题。

——45 群锅巴（吉林）

附录：
足浴预防法现已进入甘肃、河北、江西三个省的新冠肺炎预防方案中

江西省建议用艾足疗。

☆ 甘肃省发布的足浴预防方

基本方：杜仲 30 ～ 45 克，川断 30 ～ 45 克，当归 15 ～ 20 克，炙黄芪 30 ～ 45 克，藿香 15 ～ 30 克，木瓜 20 ～ 35 克，生姜 15 ～ 20 克。

用法：加水 1 000 毫升，水煎 45 分钟，取汁，入桶中足浴。每日 1 次，每次 15 ～ 30 分钟，以全身微微出汗为度。

☆ 河北省发布的足浴预防方

基本方：当归 20 克，黄芪 30 克，藿香 20 克，佩兰 15 克，生姜 15 克。

用法：加水 2 000 毫升，水煎 45 分钟，取汁，入桶中足浴。每日 1 次，每次 30 分钟，以全身微微出汗为度。

6 中药敷足，全身通调

上病下治——在脚底和脚背分别敷药

在脚底和脚背分别敷药，可以上病下治，调理全身，这是历代医家的实践经验。

在足背，有肝经的重要穴位，以及呼吸系统和乳腺的反射区。有乳腺增生、脂肪肝、耳鸣的人，以及儿童，都可以通过足背敷药调理。

五脏六腑的反射区都在足底。亚健康、慢性病、心血管病、脚后跟痛、鸡眼、脚气、脚汗，及女性的月经不调、闭经、子宫肌瘤、卵巢囊肿、产后病等问题，都可以通过足底敷药调理。

足底敷药和足背敷药可以同时进行——把中药打成粉末，缝制成药包，制成鞋面内里和鞋垫，做成中药养生鞋来穿。

通过体温、出汗，加上行走时的压力这三重作用，中药的药性可以持续地通过双脚进入人体循环，改善全身。

这个方法很温和，各类亚健康人群、老年人、儿童、产妇坐月子（孕妇不宜）都可以用。

以下是大家实践后的经验分享。

☆ 案例：读者经验

祛湿气

如果体内寒湿重，穿养生拖鞋后，大小便会增多。

——37 群葡萄

穿了半个月养生鞋感觉身子不怎么沉了。以前跳绳会觉得腿抬不起来，春游那天，小朋友约我跳绳，我就跳了几下，觉得很轻松。

——心的呼唤

穿中药鞋不仅能除脚臭，还能排湿。我穿了快一个月了，脚底出汗，早上的便便也比平时多。

——19 群读者

每到夏天我的脚都会脱皮、起泡、奇痒无比，今年居然不痒了。不知道是不是穿养生鞋排湿毒的原因。

——36 群晓

祛脚臭

我老公和我家孩子都脚臭，常穿中药鞋后，脚不臭了！

——21 群读者

穿养生拖鞋确实能祛脚臭，很舒服，我从来没有这样喜欢过穿拖鞋，现在一回到家就换上，巴不得一直穿着。

——31 群读者

防脚裂

左脚底时常起皮甚至开裂，每次穿一个星期左右的药鞋，这种现象就会消失，脚底也逐渐恢复光滑。

——默默

我一直在穿养生鞋，从冬天穿到春夏。我已到中年，穿上养生鞋后脚底变得光滑，干湿适度，脚上的很多问题都没有了。

——9 群读者

抵御新冠病毒有养生鞋保驾护航。去年 11 月 19 日穿上了养生鞋，一个月的时间，身体发生了很大变化：脚拇指外翻得到遏制，不再疼痛；脚后跟因骨质增生而产生的炎症消退了，可以尽情地迈开大步向前走；双脚后跟开裂现象消失，皮肤光滑柔软，双脚天天处在温暖之中，十分舒服。

——Ping

防鸡眼

我爸爸78岁了，以前脚底会长鸡眼，每次磨掉就又长出来。我给他用了中药拖鞋，他穿了三四个月了，昨天跟我说鸡眼没有了，穿运动鞋走长路也不会感觉脚疼了，而且感觉腿上也有劲了。

——35 群读者

我脚底长了一大块硬皮，走路时脚特别疼。自从穿了中药养生鞋，硬皮变小了，也没有那么硬了。

——18 群读者

防脚气

看了大家关于中药鞋的分享，说中药鞋养脚，抱着试一试的态度自制了一双，用的药也没有老师推荐的那么多、那么严谨。结果发现脚上血液循环变好了，热乎乎的，很干爽，脚上的汗少了，脚也不发臭了，水泡也少了。20 年的老毛病就这样好了，很神奇！

——51 群读者

孕后期感染了脚气，用了很多药都不是很好使，我真是太闹心了！生完孩子后，我立马就穿上了养生拖鞋！虽然一直没好，但也不痒了。出月子后洗东西时，不小心把鞋给弄湿了，就换成别的棉鞋，结果那几天，脚特别痒。幸好天气热，鞋子很快就干了，穿上后第一天脚就不痒了，第二天就好了。我决定从此就穿着它不脱了！

——43 群读者

往年夏天，我都会有脚气，其他季节没有。去年冬天穿了中药拖鞋，春天喝荠菜水，今年到现在没有再犯过脚气，估计是我体内有湿气，祛湿寒时就捎带把脚气给治好了。

——12 群读者

之前，我的脚又痒又烂，还有味道，结果前天仅穿了一天养生鞋，昨天就不痒了，满脚都是药材的味道。

——25 群读者

通气血

整个冬天都穿着养生鞋，最大的感受就是脚不凉了，以前一到冬天就会手脚冰凉，穿多少衣服脚还是凉的。

——小梅

我常在家里穿养生鞋，之前感觉浑身无力，现在浑身舒服，一身轻松。

——张鹏

去年穿了整整一个冬天的养生鞋，以前脚心爱出汗，穿了养生鞋后，一直都很干燥温暖。

——琦琦

我们都属于体寒，冬季怕冷，手脚冰凉，自从穿上中药鞋，脚底一会儿就暖了，整天都很舒服。现在在家会一直穿。

——41 群芸儿

以前每日晚上睡觉时，脚丫都是冰凉的，泡脚也要泡得久一点才温暖。夏天做火疗时，也是烧了许久才感觉到热。感觉自己非常容易冷，可能是因为自己太瘦、弱不禁风。自从穿上养生鞋，每天脚丫都变得很热乎。

——暖阳

我昨天早上穿了半个小时养生鞋，原来像冰溜一样的双手居然到现在还是暖的。我现在真是恨不得一天 24 小时都穿着它，实在是太好了。

——温心

退热、止咳、调理胸闷气喘、预防小儿惊风的清温手心贴

用中药贴敷手心有什么用？

在《吃法决定活法》中我介绍过用中药吴茱萸贴足心的方法，用来引热下行：当身体上面有火、下面有寒，出现上虚火、血压高、口腔溃疡等情况时，可以用吴茱萸打粉贴在脚心涌泉穴来调理。

其实，中药不仅可以贴敷足心，还可以贴敷手心。这也是古人的妙法。

在我们的手心，有一个重要的穴位：劳宫穴。这是一个保健心脏的大穴。

睡觉时把中药贴敷在手心，让药物透皮吸收，通过劳宫穴作用于身体，可以引毒外出，清心肺之热，化心肺之瘀，止咳喘，安定心神，还能降血压、助睡眠。

在以前，老人治疗家里的小孩发热、惊厥、咳嗽、夜啼等症状，就会用中药敷在小孩手心，小孩睡一觉就缓解了。

用中药贴敷手腕有什么用？

伸出左手，用右手的三根手指在左手的腕横纹上方比一下，腕横纹上三横指处，居中的一点就是内关穴。这是救治心脏病的要穴。在胸闷不适的时候，可以马上按压这个穴位。

2010年有一次，我坐在汽车里，车忽然猛地颠簸并急刹车，巧的是正值我张口欲说话，身体被突然这么一晃，一下子感觉岔气了，心口剧痛，连话都说不出来了。坐我旁边座位的助理，见我突然不说话而且面无血色，吓坏了，问是否要去医院。

我摇摇头，用手指着左手腕内关穴的位置向她示意。她领会了，马上在我指的位置用力按压。不到一分钟，我吐出一口气，感觉舒服了，也能说话了。

其实小助理当时还不懂什么是内关穴，但是只要找到位置，用力按压就有效。

在这个位置，我们也可以贴敷中药来给心脏做保健。敷贴的方便之处是敷的面积大，找穴位不太准确也不要紧，按照大概位置贴敷在手腕上就可以。

怎样自制清温手心贴？

清温手心贴的原方出自清代传下来的验方。1971 年北京医学院防治气管炎协作组编写了一本治疗感冒、咳喘、气管炎、肺炎的小册子，其中收录了这个老验方。

这本小册子至今还在我家书架上保存着，当年父亲亲手包的书皮都泛黄开裂了，但是好的方子是不会过期的，时间越久，有越多的人使用，就积累出更多的经验，开发出更多的功效。

清代医家用这个方子来治疗小儿高热惊厥，敷贴一次即可见效。

民间用这个方子来给幼儿退热止咳。

现代有医院用这个方子来辅助治疗气管炎、哮喘、高血压、冠心病，也收到了不错的效果。

清温手心贴

原料：栀子、桃仁、杏仁、白胡椒各 7 粒。

做法：把这四种原料打成粉，加一点鸡蛋清或油调和，贴敷 12 ～ 24 小时取下。

功效：引毒外出，清心火，退热，安神，促进睡眠；调理咳嗽、哮喘；调理胸闷、高血压。

注意：孕妇忌用。

可以贴敷哪些部位？

· 手心（劳宫穴）

· 脚心（涌泉穴）

· 手腕（内关穴）

· 胸口（膻中穴）

哪些人适合贴敷手心和脚心？

· 患有感冒、高热、咳嗽、哮喘、肺炎、支气管炎、咽炎等呼吸道疾病的人

· 经常腹胀、消化不良的人

· 便秘的老年人

· 心烦、心火重导致睡眠不好的人

用法：1岁以下幼儿只贴敷单侧的手心和脚心，第一次贴左脚心和右手心，第二次贴右脚心和左手心。其他人可以敷双手双脚。

哪些人适合贴敷手腕和胸口？

· 感觉胸闷的人

· 血压高的人

· 动脉硬化的人、处于心血管亚健康状态的人

用法：敷在左手手腕和胸口膻中穴位置。

注意：要去药店购买中药杏仁（苦杏仁），不要用超市买的杏仁（甜杏仁）。桃仁用燀（chǎn）过的。

打粉时注意，桃仁、杏仁出油比较多，容易黏结成团。

敷后，有的人被敷的地方皮肤可能会变得有点黄、有点青，这是正常的，会自然消退。

个别人敷后会有轻微腹泻，这也是正常的，身体通过肠道排毒，之后就会好了。

治咳喘：宋代太医局"双仁丸"

清温手心贴这个方子看似简单，四味药都很平常，其中却包含了一个

著名的经典药方"双仁丸"。

双仁丸出自宋代太医局编写的医书《圣济总录》，用来治疗"上气喘急"的咳喘。

这种咳喘是什么样的呢？

肺虚受寒……有邪热客于上焦。

气上而不下，升而不降，痞满膈中。胸背相引，气道奔迫，喘息有声者是也，本于肺脏之虚。复感风邪，肺胀叶举，诸脏之气又上冲而壅遏。

——宋《圣济总录》

简单地说，就是肺气虚，受了风寒，又有肺热，引起咳嗽哮喘、胸闷，甚至呼吸急促困难。

双仁丸的名称来自它所用的两味药：杏仁和桃仁。

桃仁和杏仁，都有止咳、平喘、润肠通便的作用。

杏仁是治疗咳喘的经典药，医圣张仲景著名的治咳喘方麻杏石甘汤就用到杏仁，治疗新冠肺炎的清肺排毒汤就用了这味药。

桃仁，一般用来活血化瘀，其实它化痰的作用也很好。（桃仁和杏仁的详细功效和用法，《回家吃饭的智慧》中有讲解。）

当人的身体内有毒有瘀，堵在胸腹这块时，在上容易引起咳嗽、气喘、胸闷，在下容易造成大便干结，这种时候将桃仁、杏仁搭配在一起用，效果不错。

国家卫健委发布的新冠肺炎治疗方中，有一个救治重症的方子——桃红麻杏石甘汤，就用了桃仁、杏仁这个组合。用来治疗什么样的重症呢？"痰热壅肺、毒瘀互结"——症状是高热、咳嗽、胸闷、气促、咽干、口渴。

值得一提的是，上方中还复加了鱼腥草，用量是 30 克，用来增强此方的清肺功效。

我们平时用清温手心贴外治法时，配合喝点鱼腥草水也是很好的。（哪些情况适合喝，参见本书第 126 页"抗流感的代茶饮"。）

治幼儿高热惊厥：清代医生的小儿惊风方

在宋代双仁丸的基础上，将杏仁、桃仁配栀子来敷手心、足心，是后世医家的巧妙应用。

清代医生邹存淦（gàn）说这个方法治疗小儿惊风（高热惊厥）有特效：

杏仁、桃仁各六粒，黄栀子七个共研烂，加烧酒、鸡子清、白干面，量患者年岁作丸，如胡桃大小，男左女右，置于手足二心，用布条扎紧，一周时，手足心均青蓝色，则病已除矣，效甚。

这个方子应该是在清代之前就流传了，在民间演变出不同的版本，杏仁、桃仁、栀子的比例有差异，有的用胡椒，有的不用。

我的经验是方子里有胡椒更好一些，适用范围更广。

有的方子不用栀子，而是用木鳖子来配桃仁、杏仁、胡椒。

木鳖子的药性更猛，但是它有毒性，还是用栀子安全。栀子是一味很好用的药，可以清热、泻火、凉血，可以治疗心烦失眠、糖尿病导致的口渴、咽喉痛、流鼻血、扭伤肿痛等。

哪些情况可以用清温手心贴调理？

我们平时也可以用这个方子来保健。

发热、咳嗽、咽炎、胸闷、腹胀时，可以用它来缓解身体不适。

清温手心贴对心火引起的失眠也有帮助。晚上感觉心烦、燥热，睡不好的人，用清温手心贴贴在手心和脚心，能睡得更深沉安稳一些。

如果是老年人，还可以贴在胸口上，效果更好。

用中药贴敷胸口有什么用？

清温手心贴还有一个妙用，就是用于心脏保健。平时感觉胸闷，或者处于心血管亚健康状态的人，可以用这个方子来贴膻中穴和内关穴。

用手在胸口找到两个乳头连线的中间位置，这里是膻中穴。用手按一按，如果觉得很痛，说明有瘀，可以在这里贴一个清温手心贴。

母亲来北京过年，连续三天严重雾霾，她感觉心肺部位憋闷，很不舒服，坐着都难受，只能卧床。用清温手心贴贴在胸口和脚心，第二天早上就好了，精神抖擞地打起了太极。

母亲没有心血管疾病，所以恢复快。

如果是有"三高"、动脉硬化、心血管有瘀阻的人，平时想要做心脏保健，可以同时贴敷胸口（膻中穴）、手腕（内关穴）和脚心（涌泉穴）。

内调篇

肺位最高，邪必先伤

第八章
如何用饮食养肺、清肺？

鱼腥草是"植物抗生素"，是天然的消炎药，对于抗肺部炎症很有效果。

肺热咳嗽，特别是干咳，或者是痰中带血的人，可以吃百合来止咳。

有肺气虚、肺阴虚，因而吃补药容易上火的人，可以吃百合来润肺滋补。

肺是人体的"豌豆公主"

肺位最高，邪必先伤

讲课的时候，我经常给大家打一个比方——

如果把五脏都比作人的话，肝是人体的劳模，吃苦耐劳，而肺却是一位娇贵的"豌豆公主"。

我们小时候都读过安徒生的著名童话《豌豆公主》：

一位美丽的女孩在暴风雨之夜来访，她自称是真正的公主。老皇后为了考察她，在她的床榻下面藏了一粒豌豆，上面铺上20张床垫，20床鸭绒被。

早晨，大家问她昨晚睡得怎样。"啊，一点儿也不舒服！"公主说："我差不多整夜都没有合上眼！天晓得床下有什么东西，有一粒很硬的东西硌着我，弄得我全身发紫，这真是太可怕了！"

这个童话简直就像是为肺写的。肺就是这么娇贵的脏器，冷了、热了都不行，不能忍受一点脏东西，很容易被外来病毒感染，而且其他脏腑生病，肺也容易受连累。

古人讲，肺位最高，邪必先伤。它需要我们小心翼翼地呵护。

家里常备哪些养护肺的食材？

应该怎样用饮食养护肺呢？

如果痰湿重，先清肺化痰；如果气虚，补肺气；如果阴虚，注意润肺。

清肺排毒的食材： 鱼腥草、罗汉果、牛蒡。

祛湿化痰的食材： 陈皮、茯苓、桂花。

润肺的食材： 银耳、百合、葛根。

补肺气的食材：黄芪、甘草、莲子。

☆ 雾霾、二手烟、病毒感染……常吃鱼腥草清肺

经常吸烟或者吸二手烟、雾霾、呼吸道病毒……这些都会伤肺。

可以常吃鱼腥草，它可以清肺排毒。

鱼腥草是"植物抗生素"，是天然的消炎药，对于抗肺部炎症很有效果。

泡鱼腥草茶的方法：

每日用15～30克鱼腥草干品，沸水冲泡饮用。泡水时多放一点，效果更好。

煮鱼腥草茶的方法：

抓一把鱼腥草（15～30克），放半锅冷水，稍稍淹没鱼腥草就可以，大火煮开以后，等一两分钟，马上关火，把药汤滗出来就可以喝了。

煮过的鱼腥草不要倒掉，下次喝的时候还可以加水，用同样的方法再煮一次，再喝。一共可以煮3次，正好够一天的量。

你也可以连续煮3次，把3次的药汤混合在一起，效果更好。

注意：不要像熬其他的中药那样长时间地去煮鱼腥草。若干品鱼腥草久煮，抗炎成分就挥发掉了。

肺气虚、肺阴虚，常吃百合润肺

百合的主要作用是补气养阴、润肺止咳、宁心安神。

肺热咳嗽，特别是干咳，或者是痰中带血的人，可以吃百合来止咳。要注意的是，风寒咳嗽的人不适宜。

有肺气虚、肺阴虚，因而吃补药容易上火的人，可以吃百合来润肺滋补。

百合润肺的吃法：

① 百合炖银耳，滋阴润肺，全家人都可以吃。特别适合口鼻干燥、咽喉痛、便秘的人。

② 蜂蜜蒸百合（做法：蜂蜜跟干百合一起拌匀，加一点儿水，上锅蒸熟），适合经常干咳的人。

◎ **读者精彩评论：**

润肺、清火、消炎作用特别好

这段时间疫情严重，乖乖地待在家里，每日坚持喝果菊清饮、银耳百合羹等，润肺、清火、消炎作用特别好。

——咩咩

不要小看这些偏方，真的差不多让我们远离抗生素了。

——云淡风轻

② 预防慢阻肺

慢阻肺是"慢性阻塞性肺病"的简称

在中国，有1亿人患有慢阻肺，它也是位居第三的致死疾病。慢阻肺是无法治愈的，所以我们切记要预防。

慢阻肺是一种慢性肺部疾病的总称，它主要表现为慢性支气管炎和肺气肿。它的主要症状是慢性咳嗽、呼吸不畅。

慢阻肺的第一种表现：慢性支气管炎

慢性支气管炎，是支气管反复发炎造成的，会连续几个月咳痰，有的人会腿肿、全身肥胖，甚至心力衰竭。

慢阻肺的第二种表现：肺气肿

肺气肿，是肺部吸入了有害微粒，对肺泡造成了永久性损伤，使肺泡失去弹性，不能正常地回缩。

慢阻肺的主要致病因素

- 吸烟、吸二手烟
- 职业粉尘和化学物质
- 户外空气污染（雾霾、汽车尾气等）
- 室内污染（油烟、生物燃料取暖）

孕妇吸入了污染空气，还会影响胎儿。孩子出生、长大以后更容易得慢阻肺。

慢阻肺这个病，是慢慢发展的，年轻时并不明显，到了四五十岁才开始出现明显症状，到时候就悔之晚矣。

年轻人抽烟，以为没什么事，到了中老年，被慢阻肺困扰，才醒悟烟的危害之大。

要知道，慢阻肺一旦恶化，付出的便是生命的代价。"吸烟猛于虎"啊！

假如在办公室被迫吸二手烟，或是在雾霾季节，一定要给自己泡一杯鱼腥草茶喝。

预防小茶方：鱼腥草茶

原料：鱼腥草干品 30 克。

做法：1.取鱼腥草干品，放半锅冷水，稍稍淹没鱼腥草就可以，大火煮开以后，再煮 2 分钟，马上关火。

2.煮过的鱼腥草不要倒掉，下次喝的时候还可以加水，用同样的方法再煮一次，再喝。一共可以煮 3 次，正好够一天的量。

3.没有条件煮水，也可以直接泡水喝。泡水时多放一点，效果更好。

肺炎的家庭辅助调理食方

得了肺炎，要去医院接受正规治疗。回家后，可以用一些小方子辅助调理，缓解症状。

肺炎患者的代茶饮：鲜鱼腥草榨汁

急性肺炎初起，可以用 30 克鱼腥草干品煮水来喝。

如果比较重，可以用 1 000 克到 2 000 克的新鲜鱼腥草加几片去皮生姜，榨汁来喝。

☆ 案例：读者经验

去年 6 月我爸脑卒中加脑出血，在 ICU 病房待了近两个月，后来情况稍微好些的时候，把我爸转到一家中西医结合医院，好处是可以通过鼻饲管喂饭、喂果汁。于是我大胆地给我爸榨了鱼腥草汁，心里也是惴惴不安，生怕喝得太多，没想到，第二天医生就说好得真快啊，又过了两天，就出 ICU 了。感谢陈老师，现在我爸可以自己走路，自己吃饭，一切都向好的方向发展，中医的力量真是强大。

——嘉嘉

看到陈老师在书中写到鱼腥草可以消炎，于是买了半斤（250 克）回家给老妈冲水喝。老妈已经 87 岁了，之前因为肺炎住院了三次，出院回家后还比较虚弱，没胃口，喝了 3 天鱼腥草水后，感觉吃饭香了。连续喝15 天，现在脸色好了，又可以出去晒太阳了。

——冯宝霞

肺炎高烧：蚕沙竹茹陈皮水

得肺炎容易发高烧，可以用蚕沙竹茹陈皮水来辅助退热。

多年前，母亲在外地探亲时得了肺炎，一下子发起高烧来，烧得昏昏沉沉，起不了床。亲戚吓坏了，用轮椅把她推到医院，连输了几天液都没能退热。

过了几天，母亲清醒过来，自己到中药房买蚕沙、竹茹和陈皮，吃了一剂烧就退了。

蚕沙竹茹陈皮水

原料： 蚕沙 30 克，竹茹 30 克，陈皮 30 克。（幼儿可以各减为 10 克。这三味药相对平和，多点也没关系。）

做法： 冷水下锅，水开后再煮 3 分钟。

服法： 感冒高烧（成年人发热超过 38.5 ℃，儿童超过 39 ℃）时服用。一般的人喝一次就可以退热。严重的可以喝 2 ～ 3 次，退热以后就不用再喝了。

适宜人群： 幼儿、成人、普通孕妇、高龄老人都可以用。

太小的婴儿，一次喝不了太多药水。最好是少放点水，煮得浓一些。分成几次喂，每 3 个小时喝一次，至烧退为止。

这个方子特别适合家庭使用，它有三个特点：

① 三味药都相当安全，儿童、老年人、孕妇也可以放心地使用。一般来说，对于感冒或是肺炎引起的发热，都是可以退热的。

② 三味药都不怕过期，特别是陈皮，更是越陈越好。

③ 专门退高烧。

十年前，我公开了这个家传的简易退热秘方——蚕沙竹茹陈皮水。很多读者用了之后感觉效果很神奇——可以一夜退热，且不留感冒后遗症。

我家常年备着这几样药，以前是一麻袋一麻袋装的，急用的时候就各抓一大把来煮水，都没有称重量。

其实，如果将这方子的剂量减少平时用来饮用，还可以清湿热、化痰浊，对于风热毒引起的皮肤发红瘙痒有缓解作用。

这个方子仅有三味材料。因此，每样材料的质量对方子是否能快速、完全地生效，影响很大。

☆ 陈皮

之前给大家讲过，方子中重要的一味药——陈皮，很容易买到伪劣品。真正的陈皮，应该是红橘的皮，现在习称为川陈皮。

若是买不到川陈皮，广陈皮也可以代替，用量最好加倍，以免无效。

☆ 竹茹

把特定品种的竹子最外面一层绿色的皮去掉，露出里边青白色的部分，一条条刮下来，晾干后就是中药竹茹。

竹茹有个别名叫竹二青，意思是竹子第二层的青皮。这一层刮下来的竹茹，颜色淡黄绿，细闻有竹子的清香，质量最佳。再往里刮，刮到黄白色的内层，质量较次，不宜入药。

做竹子工艺品时刮下的竹丝，很多地方也当竹茹来卖，这个质量就更差了，最好不要。

顶级的竹茹，应该是选取生长一年的嫩竹，在冬天采伐，只取刮掉外皮后的头一层青皮制成。这样的竹茹，带一点黄绿色，有竹子的天然清香。

☆ 蚕沙

蚕沙就是蚕矢。蚕只吃新鲜的桑叶，所以蚕沙可以说是桑叶经过蚕加工后，结合动物和植物精华的一味药。

选蚕沙也有讲究，应该是粒粒结实，每一粒上面有 6 条明显的纵棱。

一般认为春蚕的蚕沙不如夏蚕和秋蚕的蚕沙。夏蚕、秋蚕的蚕沙，称为晚蚕沙，古人认为这样的方可入药，因为这时候桑叶已老，药性更好。

好的蚕沙应该是有清香气的。这种香有点像青草和茶的混合香气，闻起来是很舒服的。

肺炎咳嗽痰黄时的辅助止咳方：果菊清饮

肺炎咳嗽比感冒咳嗽更重，并且肺炎引起的不仅是咳嗽，还会咳喘，晚上特别难受。

如果咳嗽伴有痰黄，可以喝果菊清饮调理（见本书第 139 页）。

☆ 案例：读者经验

前天晚上咳嗽非常厉害，在这（新冠肺炎疫情）特殊时期，心中有点害怕。最后决定罗汉果煮茶，新鲜鱼腥草煮水，一天交替着喝。晚上咳嗽减轻许多，呼吸也轻松了。

——宁静致远

◎ 读者精彩评论：

立竿见影

过年期间，家人感冒干咳，我喉咙痛、头疼，煮了葱姜陈皮水、鱼腥草梨皮水，过年一直喝果菊清饮，家人都没事了。疫情过后，大家更多需要思考的是人与自然的和谐共存，和平时顺应节气养生。

——Li 瑜伽行舍

老公初十去超市，超市太热，回来在地下车库受了凉，发热 38.2℃，我赶紧给他喝蚕沙竹茹陈皮水，早上喝了几口，下午喝了一碗。睡醒后出了好多汗，烧退到 37.5℃。第二天早上完全不烧了。感谢陈老师。

——紫芽

我在海南，媳妇打电话说孙女发高烧 39℃多，我就让她用陈老师的神奇退热方。家里之前剩下的竹茹只有十多克了，其他两样家里有，灵机一动，就叫媳妇第一次煮好，把竹茹挑出来，以防烧不退，再煮第二次。媳妇马上煮了给孙女喝，喝了大约三小时，果然退了一点，睡觉前又煮了第二次。一大早，媳妇就发微信消息给我，说孩子一晚上睡得很踏实，早晨醒来一量 37℃，你说我有多高兴呀。

——9 群读者

肺炎、发热、咳嗽⋯⋯
他们是如何自救的?

疫情期间，出现肺炎、发热、咳嗽的人都很担心和纠结。不要相信任何可以"通治"的神方，一定要根据个人的症状对症治疗。

如果是轻症，没有呼吸困难现象，平时身体不错的人，只要对症，简单的食疗或中成药也能有效。不必迷信某些"特效药"，避免误用虎狼之药，虽收一时之功，却留一世之患。

以下案例来自新冠肺炎疫情期间，读者们自我调理的经验分享。

预防肺炎、病毒感染的食疗法

我表弟得了急性肺炎，住院期间我每日给他煮鱼腥草，比他先住院的没出院，他却出院了。

——紫舟

腊月二十九那天，有个武汉疫区回来的人去过我老家拿东西，他高烧，但是自己瞒着没说。我嫂子初一就发热了；我侄子、侄女这几天也陆续有发热、咳嗽的迹象；前天我爸出门回来就不舒服；我哥去银行，回来就咳嗽。一家子全都有了症状。罗汉果、鱼腥草、七菜羹、经络梳齐上阵，到今天基本上都好了（因为我妈给我爸刮经络，所以她也被传染了，喉咙痛）。真的不敢想象，如果不知道允斌老师，我妈他们一大家子会是啥情况。

——姗姗（河南）

家里小朋友患支气管肺炎。一周里面跑了两家医院，发热第四天仍不见好转的迹象，我硬逼着她喝下 250 克的新鲜鱼腥草榨汁，三四个小时后已基本恢复正常，安心睡下。第二天一早又量，体温正常了！晚上用茱萸贴给她贴公孙穴，第二天咳嗽也一下子轻了很多！

——辰（上海）

预防肺炎疫情期发热的食疗法

昨天发热，全身酸痛，然后又正好是哺乳期，乳腺痛，加上现在的特殊疫情（新冠肺炎），不敢随便去医院。昨天晚上喝了老师的抗疫茶方，加上让宝宝多吸奶，今早起来烧退了，乳房也不痛了，人也清爽了，直到现在都没有反复发热。

——顺时生活会9群读者

2月2日凌晨，我给三岁的孩子盖被子，摸到孩子很烫，我突然就很慌张，起来量体温，38.1℃。如果孩子平时发热，物理降温就好了，可是这次由于新冠肺炎疫情，有点焦虑。我开始给他物理降温，配合推拿手法中的打马过天河，半个小时后，体温降到37.8℃。早上起来量体温，37.8℃。也是死活不吃。班长告诉我几个方法，于是赶紧用花椒生姜煮水给孩子泡脚；又让老公买了藿香正气水，回来给孩子滴肚脐；又把避疫香包拿来，打开放在孩子枕边，让他闻着香味睡觉。半夜我起来摸了孩子的额头，不但不烫，还出汗了，我心安了大半。今早起床量了体温，36.6℃，彻底退热。

——A宝

春节那天（1月25日），一位身处新冠肺炎疫区的朋友电话求助，说自己轻微腹泻，周身乏力，怀疑自己感染了病毒，已经把自己隔离起来了。我询问了情况后，根据老师顺时日历上写的，今年冬天的外感发热要先调理脾胃，再加上湖北连日阴雨天气，便推荐了藿香正气水＋保和丸。大年初二，他已经有胃口吃饭了。

——倩倩

允斌点评：国家卫健委发布《新型冠状病毒感染的肺炎诊疗方案（试行第四版）》，与第三版相比，重要修订就是新增对观察期的患者推荐藿香正气水治疗。

调理肺炎疫情期咳嗽的食疗法

我自幼摘除扁桃体，在这恶劣的环境中，我的喉咙口"硝烟弥漫"。我赶紧调来陈老师家的"大将"罗汉果和鱼腥草"轮番轰炸"，两天康复！

——顺时生活会4群读者

连续喝了三天的鱼腥草榨汁，肺炎基本痊愈了，不咳嗽了，基本也无痰了。

——小冰（重庆）

我家三个小孩，都查出肺炎支原体感染。从1月1日开始，连续喝了7天的新鲜鱼腥草榨汁，加了一点姜。这个月都没有咳嗽了。

——19群读者

2019年腊月中旬，我家小女发高烧，喝第一支藿香正气水退了烧，但是不明而来的咳嗽突然发作，干咳，时而又咳白痰，时而咳黄痰。咳得停不下来，孩子说："妈妈，我的心都快要咳出来了。"我果断决定用鱼腥草加梨皮煮水给孩子喝，效果一天比一天好，直到痊愈。刚好我本人又重度感冒卧床两天，其间喝了两支藿香正气水效果不明显。我又想起陈老师说的适合多种感冒的救急食方"葱花豆豉汤"，于是我决定就用这个汤，我这两天除了喝水之外，只吃了三大碗葱花豆豉汤，第三天早晨起来精神面貌焕然一新。我和孩子的这次感冒太复杂了。感冒期间爱人多次催我们去医院，我坚持吃陈老师的食方，结果我和孩子的感冒发烧几天痊愈了。

——心静如水

调理肺炎疫情期身体不适及肺炎病后体虚的食疗法

我在湖北疫区，我们这里好多人都感冒了，我就教他们用老师的方法，用葱姜陈皮煮水，效果不错。我们这里没有草药卖，没有陈皮就用新鲜橘子皮代替。

——李姐

前几天我公公在武汉第五医院检查出双肺感染，反复低热超过一个星期不退。我就带着两个孩子回孝感老家隔离，这期间我一直往家里喷洒稀释的酵素水，家里也没买消毒液，就每日通风喷酵素杀菌消毒。我也给老公和孩子们煮过老师的防疫茶方，就是我抵抗力差，前两天在家带孩子吹了风感冒了，后背大椎、肺俞那一块儿怕冷，流清鼻涕，打喷嚏，没有发热，我也害怕自己被传染新冠病毒肺炎，因为在武汉的时候公公发热我帮他看过体温计。我感冒当天没来得及煮葱姜陈皮水，就喝风寒感冒颗粒，效果不大，不发汗，仍然怕冷，流清鼻涕。到第二天就煮了一次葱姜陈皮水，停了风寒感冒颗粒，改喝酵素消炎茶，多喝温开水，到昨天出了两次汗，汗擦干后休息了一会儿洗了个热水澡，今天基本上好了，不流鼻涕也不怕冷了。

——微笑以后（湖北）

我们住在广东江门，1月27日早上起床后，儿子身体不太舒服：乏力，怕冷（这样的症状，早几天就有了）。后来（新冠肺炎疫情）事态严重了，儿子才听从我的意见，关闭了酒吧，停业在家休息。当晚吃完晚饭后，儿子说肚子很胀。看陈允斌老师的公众号，我知道预防新冠肺炎的重点是"祛湿"。还好家里还有一盒加味藿香正气丸，赶紧给儿子服下。半小时后，儿子拉了两次（没有拉稀），精神状态也好多了。

——春燕（广东）

我因为肺炎在医院输液半个多月了，身体变得很虚，脚脱皮，脚后跟开裂，还很痛。去年10月开始用老师的许多食方：补气减肥饮、顺时粥、补肾养藏汤、白果墨鱼汤、大寒饭、小寒饭、补血四宝饮、补心养阳汤……还坚持吃了四个月的鱼腥草（凉拌鱼腥草、鱼腥草水、鱼腥草茶），就这样，我安然度过了这个冬天。其间出现过一次风寒感冒症状，当晚喝了一碗葱白连须水，第二天早上就好了。现在，我不但爬楼梯不喘了，出汗没那么厉害，就连我的妇科炎症也好了很多。而我的脚后跟也完全愈合了，原先的蜕皮部位开始变得光滑滋润起来。

——nice tea

第九章
流感、发热、咳嗽等外感病的
饮食调理

不管是感冒，还是感冒引起的肺炎，一般都是从
受寒开始的，一开始的症状是怕冷、头痛或浑身酸痛、
嗓子痒、鼻涕清稀、痰清或白，这时可以用葱姜陈皮
水。如果咳嗽重而且痰多，可以加蜂蜜大蒜水。

① 得了流感不可怕，可怕的是引起并发症（常见的是肺炎）

流感也是一种时疫

流感和普通感冒是不一样的。流感是由呼吸道病毒引起的，传染性很强。

在历史上，流感也曾是让人们十分恐惧的疫病，死亡的人数众多。1918 年，甲流（甲型 H1N1 流感病毒）在半年内造成全球 5 000 万人死亡。

1957 年，"亚洲流感"在中国首发，仅北京市就有 50% 以上的人感染，迫使工厂停工、学校停课，之后席卷全球，至少 100 万人死亡。

直到现在，人类也没有征服流感病毒，只是我们对它产生了一定的耐受力，死亡率降低了，所以流感病毒就没有让大家感到那么可怕了。

流感病毒有不同种类，还不停变异，所以我们对它还是要高度防范。得了流感不可怕，可怕的是引起并发症（常见的是肺炎），就比较危险，还有的会留下后遗症。

哪五种人要重点防范流感引起并发症？

以下五种人要重点防范流感引起并发症：

· 5 岁以下儿童

· 65 岁以上老年人

· 有慢性病（心脑血管疾病、糖尿病等）的人

· 肥胖人群

· 孕妇

流感与感冒不同的是，容易一上来就突然发热，而且烧得比较高。比如老年人感冒一般不发热，如果发热就要注意是不是流感。

老年人发热可不是小事，不好好处理就容易引起并发症。即使强行用药物退热，有时也不免要咳一两个星期。这种情况用鱼腥草调理比较好。

抗流感的代茶饮

得了流感，一般一个星期可以自愈，没有必要过度治疗。患者除了接受正规治疗之外，还可以在家用简单的方法调理不适。

流感和感冒是两种病，怎么区别呢？

患者感冒初期一般是打喷嚏、鼻塞或流鼻涕较明显，不一定发热。而流感患者一般鼻部症状不明显，而是一上来就发热，并伴有浑身酸痛、咽喉不适、咳嗽。

因此，突然发热并且咽喉不适可以用鱼腥草，嗓子很痛可以加罗汉果或牛蒡。

2018 年国家卫健委发布的最新《流行性感冒诊疗方案》，药方中就有鱼腥草。2020 年国家卫健委发布的《新冠肺炎中医诊疗手册》，药方中也有鱼腥草。

我们平时在家里也可以用鱼腥草辅助调理和预防流感。

做法一：抓一大把鱼腥草，大约 30 克，泡水或煮水喝。煮水煮得浓一点，效果更好。

如果痰多咳嗽，加 1 ~ 2 个罗汉果（压破再煮）；咳嗽频繁可以加梨皮、萝卜皮；如果嗓子很疼，可加上牛蒡（鲜品用三分之一根，干品用 40 克）。

在流感初起时，马上喝一些鱼腥草水消炎，可以起到退热的作用。

做法二：用 1 000 克到 2 000 克新鲜鱼腥草，榨汁喝。

脾胃虚寒者可以加两三片生姜一起榨。

如果嗓子很疼，可以加上半根牛蒡一起榨汁。此时不要加生姜。

老年人和儿童也可以用鱼腥草调理。一般的退热药和抗生素药，对于老年人和儿童来说副作用比较大。而鱼腥草是食物，性质平和，非常安全。

一位七十多岁的男性，夏天吃过晚饭后突然发热，38℃以上。他并没有什么别的症状，只是嗓子有些难受。我的三姨让他用鱼腥草煮水，只喝了一次，当晚就退热了，第二天起来就没事了。

☆ **案例：读者经验**

（新冠肺炎疫情期间）我老公嗓子肿，喝水都喝不了。我给他煮了鱼腥草、罗汉果、牛蒡水，喝了两天，好多了。

——顺时生活会14群读者

从大年三十起我就感觉乏力，喉咙有点痒，正逢新冠肺炎疫情期间，立即去市场买了新鲜的鱼腥草，每日凉拌吃，吃完以后明显感觉有好转，但没有彻底解决。想到最近熬夜比较频繁，加了罗汉果和鱼腥草一起熬水喝，每日就这样坚持喝，真的喝好了。

——响响（重庆）

允斌点评：以前我的经验是，用鲜品榨汁消炎效果会更强一些。但近几年我发现，由于现在的新鲜鱼腥草都是种植的，种植方法不同（比如施化肥等），消炎效果会有差异。有些鲜品的效果反而不如野生鱼腥草的干品。大家在用鲜品时，为了保险起见，可以增加鱼腥草干品煮水。

◎ **允斌解惑：**

孕妇可以喝鱼腥草罗汉果水吗？

董会问：老师，孕妇可以喝鱼腥草罗汉果水吗？怀孕八个月，主要是嗓子疼得厉害，偶尔低烧，我这儿买不到蚕沙、竹茹，发热38℃，只好去医院。什么药也不能吃，只能扛着。盼复，谢谢。

允斌答：嗓子疼的话可以喝。38℃还用不到蚕沙竹茹陈皮水。

如何调理感冒?

感冒的转化过程

感冒时，我们不仅要辨识风寒和风热，还要注意，感冒是可能转化的。你感冒，调理了两三天还没有完全好，还继续用同一个方法调理，有可能是不对的。你要随时观察自己身体的表现。

不管是感冒，还是感冒引起的肺炎，一般都是从受寒开始的，一开始的症状是怕冷、头痛或浑身酸痛、嗓子痒、鼻涕清稀、痰清或白，这时可以用葱姜陈皮水。如果咳嗽重而且痰多，可以加蜂蜜大蒜水。

感冒一两天后，有些人（特别是年轻人）会开始感觉嗓子很痛，痰也变黄，那就说明风寒感冒已经转成风热感冒了。这时可以用鱼腥草来消炎，痰多加罗汉果，咳嗽频繁可以加梨皮、萝卜皮，咽喉肿痛可以加牛蒡。

风寒化热时通常会发高烧。如果发高烧到了 39 ℃以上，那我们就可以不管风寒还是风热，因为病已经入里了，已经不是纯粹的外感，它深入到我们身体内部了，这时候就要用蚕沙竹茹陈皮水（退热茶）。

注意：如果是流感，与感冒不同的是，可能一上来就发热，并且伴有咽喉不适，此时可以直接用鱼腥草。

风寒感冒初期：怕冷，有点头痛，流清鼻涕，喝姜汤

受凉以后，感觉怕冷，有点头痛、流清鼻涕，也就是我们通常所说的伤风，这时候马上喝姜汤就可以解决。

煮姜汤要注意：姜要去皮，这样才能起到发汗的效果。生姜不要久煮，要在水开后下锅，煮 3 分钟就好。

煮的时间长了，姜发散风寒的效果就差了。凡是调治感冒、散风寒，姜煮的时间要短。如果是要暖胃、祛胃寒，姜就可以多煮一会儿。

低烧、浑身酸痛、鼻塞而嗓子不疼，
用葱姜陈皮水

如果一开始感冒没有得到重视，也没能及时调理，就很容易发展成重感冒。这时的表现是浑身酸痛、鼻塞、流鼻涕、怕冷、不出汗，还有一点点低烧、咳嗽，但嗓子不疼，这就是重感冒了。

在这种情况下，我们要用葱姜陈皮水。

葱姜陈皮水

原料： 去皮生姜 3 片，葱白连须 3 根，陈皮 1 个。

做法： 1. 陈皮要先煮，葱、姜之后下锅。把陈皮跟冷水一起下锅。煮开后，再放入生姜、葱白连须，煮 3 分钟起锅。

2. 趁热喝，如果能吃得下去，可以把葱白和葱须一起吃掉，效果更好。想吃姜的人，可以连姜片一起吃。

3. 平时有胃热的人，不要把姜片吃掉，以免上火。陈皮的味道有点苦、有点辣，就不要吃了。

喝了葱姜陈皮水，人会出汗。记住，这时候一定不能受风，否则寒气又会进去。

允斌叮嘱： 葱姜陈皮水只能喝一两次，最多三次，出了汗，散了寒，感觉好转了，就可以了。剩下的事情，就是多休息，吃点白粥配泡菜，用清淡的饮食慢慢调养，让身体自己恢复。不要为了巩固疗效一直喝，造成出汗过多，没有必要。

如果您出门在外，无法做葱姜陈皮水来喝，您也可以去药店买一种中成药，叫九味羌活丸。九味羌活丸对于风寒感冒、重感冒引起的浑身酸痛，治疗效果也是非常好的。

☆ **案例：读者经验**

　　这次感冒遇上"大姨妈"，刚开始时感觉后背发冷，打喷嚏，流清涕，时常有低热，煮了三次葱姜陈皮水，基本好了。

——小芳

　　今天早晨我先生有点伤风，我赶紧按照老师的食方，煮了姜（去皮）加3根葱须，又加了陈皮，一碗喝下去，停了一会儿，我又给他的大椎穴贴了暖灸贴，睡了午觉后感觉一下子好多了。

——梅

　　昨天下午在办公室头有点痛、发冷，还打喷嚏，下班回家后立马煮了去皮姜汤，睡觉前又煮了葱姜陈皮水，喝了一碗，全身立马热乎乎的，今天早起居然好了，太神奇了！

——顺时生活会4群读者

　　由于感冒当天没来得及煮葱姜陈皮水，就服了风寒感冒颗粒，效果不大，不发汗，仍然怕冷，流清鼻涕，到第二天就煮了一次葱姜陈皮水，停服了风寒感冒颗粒，今天基本上好了，不流鼻涕也不怕冷了。

——微笑以后

低烧、头晕，伴有肠胃不适，恶心、呕吐或拉肚子，喝香菜陈皮姜水

　　如果感冒时，有一点低烧、头晕，觉得肠胃不适，比如恶心、呕吐或有点拉肚子，用藿香正气水就可以了。

　　藿香正气水含有乙醇，如果不喜欢，我家有一个食疗方可以代替，我给这个方子取的名字是"芫香正气水"。它和藿香正气水的功效是差不多的，但它的味道更好一点，小朋友是可以接受的。

　　偏胃肠型感冒的人，也可以用这个方子。

芫香正气水（香菜陈皮姜水）

原料：香菜（芫荽，yán suī）3～5棵，鲜橘皮或川陈皮1个，

带皮生姜3片。

做法：1. 把香菜根切下来，单独切碎，香菜叶子也切碎。

2. 锅里放水，先把陈皮下锅煮，水开后放香菜根、姜片，煮5分钟，再把香菜叶子撒进去，关火起锅。

3. 喝煮好的汤水，并把香菜吃掉。

4. 如果有的人同时还有鼻塞、流鼻涕的情况，可以在这个药茶里放上3根葱白（连须）一起煮。

适宜人群：全家老幼都可以喝。

☆ 案例：读者经验

听老师的话，用两个鲜橘皮、三片姜、一大棵香菜，煮了一大碗，刚喝下，满头大汗，鼻子也通了。

——*-*

（新冠肺炎疫情）特殊时期，家里也没有药材。家人肠胃感冒了，乏力、发热、头晕、全身痛，喝了两天香菜陈皮生姜水，症状都消失了，气也通了。

——初灵

◎ 允斌解惑

cici问：最近在社区门口值守，回家后经常浑身发冷，37℃左右，感觉有点低烧，好了之后出去上班又有点发烧，是太紧张了？不知是否需要警惕，还是注意什么？

允斌答：判断一下是否受风受寒，试试用香菜陈皮姜水。

发热、嗓子疼，用鱼腥草消炎

如果感冒后发热而且嗓子疼，可以喝鱼腥草水。

做法：抓一大把鱼腥草大约30克，泡水或煮水喝。煮水煮得浓一点，效果更好。

如果痰多咳嗽，加 1 ～ 2 个罗汉果（压破再煮）；咳嗽频繁可以加梨皮、萝卜皮；如果嗓子很疼，可加上牛蒡（鲜品用三分之一根，干品用40 克）。

☆ **案例：读者经验**

上个月感冒，扁桃体发炎，连着三天挂水、吃药，炎症都未消除，一直有痛感，大概持续了二十天。无意中看到老师的文章，用鱼腥草煮水喝了三天，炎症没了，感冒好了，太神奇了。

——喜沁 207

爸爸深夜回家吹了风，咳嗽得很厉害，到了晚上更严重。我记得老师说过罗汉果和鱼腥草煮水可以治疗，马上煮来给爸爸喝，当天夜里就不咳嗽了。白天又煮了梨皮水，两天完全治愈。很感谢老师。

——生长期

前阵子感冒还没彻底好，稍微受点风又感冒了。觉得自己阴虚火旺，最近一周都在吃银耳羹，隔天喝甘草陈皮梅子汤，中午、下午穿插喝鱼腥草茶，晚上用吴茱萸粉敷脚心（《吃法决定活法》的书中"引火下行"的保健方法）。中间有两天吃了辣的，嗓子有点不舒服，我做了凉拌西红柿撒白糖（《回家吃饭的智慧》的书中"风热感冒初起咽喉痛"的食方），吃完后立竿见影！

——Nancy 妈妈

分辨不清是哪种感冒？先喝一碗葱花豆豉汤

天气忽冷忽热，既受热又受寒时，如果觉得自己各种感冒症状都有一点，分辨不清楚风寒风热，或者是否是流感，可以先喝一碗葱花豆豉汤。

葱花豆豉汤是一个非常好的感冒救急食疗方，在感冒发烧的早期阶段，可以用这个方法通治。

葱和豆豉都有一个"通"的作用。葱能通气，帮助身体散去风邪；豆豉通经络，可以疏通瘀在经络的病气。

葱花豆豉汤

原料： 葱半根、淡豆豉两大勺（如果没有淡豆豉，用家里普通的豆豉也可以，要先用清水泡洗一下，去掉一些咸味）。

做法： 豆豉冷水下锅，煮开几分钟后，加一把葱花起锅。

☆ **案例：读者经验**

年前我和小女儿前后感冒了两次，第一次感冒用陈老师的葱姜陈皮水，喝了三次，轻松痊愈。第二次来势凶猛，而且纠缠不休，我躺了两天，因为分不清是哪种感冒，我就用豆豉、葱花煮汤，喝了三大碗，喝白开水（没吃其他食物），第三天基本好了。

——心静如水

感冒高烧，喝蚕沙竹茹陈皮水

蚕沙竹茹陈皮水

原料： 蚕沙 30 克，竹茹 30 克，陈皮 30 克。（幼儿可以各减为 10 克。这三味药相对平和，多点也没关系。）

做法： 冷水下锅，水开后再煮 3 分钟。

服法： 感冒高烧（成年人发热超过 38.5℃，儿童超过 39℃）时服用。一般的人喝一次就可以退热。严重的可以喝 2～3 次，退热以后就不用再喝了。

适宜人群： 幼儿、成人、普通孕妇、高龄老人都可以用。

太小的婴儿，一次喝不了太多药水，最好是少放点水，煮得浓一些，分几次喂，每 3 个小时喝一次，至烧退为止。

☆ 案例：读者经验

① 成人

我是 2009 年在陈老师的《回家吃饭的智慧》的书中发现的退热方，当时正值我姐姐发热，我便到附近的中药店抓了这三味药。当晚煮好喝了，第二天一早就退热了。

——YH

② 幼儿

女儿高烧 39.7℃，用陈老师的一服退热方完全退热了！晚上 10 点喝一次，午夜 1 点又喝一次，4 点喝第三次，早上 7 点半烧已经退了！

——李香

流感，三岁半的女儿反复发高烧，第一次尝试用蚕沙、竹茹、陈皮煮水喝，真的退热了，太神奇了。

——肖肖

我家 3 岁儿子高烧 39℃ 以上（用量是 10 克），12 岁女儿高烧 39℃以上（用量是 20 克），很管用。

——云

小儿子拍 CT 显示急性肺炎已经感染到肺里。昨天下午前后喝了两三碗的蚕沙竹茹陈皮水，半夜发烧 39℃ 多，甚至到了 40℃，昨天下午前后喝了两三碗的蚕沙竹茹陈皮水，其间都没有让他喝退热药。今早小孩睡眠状态都不错，10 点多又测了下体温，36.6℃，终于正常。

——读者

◎ 读者精彩评论：

亲身体验了，才真正从心里信服了

我的小孩一直靠这方子退热，用的是各 10 克。从来不打针吃药，感恩。

——刘娜

我的孩子上学不用请假，有感冒或者发热都是一剂见效，晚上发高烧喝蚕沙竹茹陈皮水，睡一觉，烧就退了。早上起床喝白粥配泡菜，活蹦乱跳地去上学了。

——玉兔

陈允斌老师这个退热方法已经用了六七年，效果非常神奇，推荐给同学和同事的小孩试用了，天然无副作用，真心好用！

——ROSE

我家老公刚开始不相信陈老师的退热方，尽管我们的女儿一直用很有效。直到这次，他自己发热，亲身体验了，才真正从心里信服了。陈老师的方子让大家都受益。

——小花

3 咽喉炎、扁桃体炎，怎么办?

咽炎、喉炎喝罗汉果

☆ **罗汉果的三大功效：清肺利咽，化痰止咳，润肠通便**

罗汉果是我们平时调理咽喉问题的好帮手，对于咽喉炎、扁桃体炎、肺热、咳嗽、痰黄等都有很好的效果。

有些职业需要长时间说话，比如教师、主持人，他们往往被慢性咽炎困扰。这种时候治嗓子解决不了根本问题，因为在咽喉部位有肾经通过，话说得太多，就会耗气伤肾；还有的人经常熬夜，也会伤肾，容易得咽喉炎。

这样的情况，罗汉果就可以派上用场，因为它不仅清肺热，还有补肾气的作用，可以使慢性咽炎从病根上得到调理。

有慢性咽炎的人，发作后觉得有点痛；还有一些人话说得太多，经常熬夜，咽喉部位发红、上火。这两种人都可以经常煮罗汉果水来喝。

罗汉果是我家里常备的，因为用处很多。

它是烘干的，所以能保存很久。我曾经做过实验，一盒罗汉果在家里放置了十来年，打开来看，中间的核都变成粉末了，还是没有坏。

罗汉果清肺饮

原料：罗汉果 1 个。

做法：压破后煮水 40 分钟。

功效：调理支气管炎，缓解痰多、咽喉疼痛的现象，清肺化痰，润肠通便，祛除口气。

> 记住，我们煮罗汉果的时候，要把它压破，连皮带核一起煮，这样效果才好。罗汉果一定要连皮带核一起用，它的果皮作用于肺和胃，果核作用于肾，要留下核才能补肾气。

☆ **案例：读者经验**

　　我按照老师的方法给老公煮了一个罗汉果，没想到两天喝了两杯就治好了他持续一个月的咳嗽。

——王娜

咽喉红肿疼痛、扁桃体炎，吃牛蒡

　　咽喉肿痛的时候，用牛蒡是非常好的。牛蒡是一种蔬菜，长长的，有点像山药。

　　当扁桃体发炎红肿时，会疼得非常厉害，可以把新鲜的牛蒡洗刷干净，不用去皮，切成小块，放在榨汁机里加点水打成汁，直接喝，就有消肿的功效。如果没有榨汁机，直接吃也是可以的。

　　这个方法我曾经介绍给一些电视台主持人，他们在遇到咽喉肿痛影响录节目时，就用来急救，能快速解决问题。

　　一位年轻男主持跟我说："老师，我叫我妈妈按您说的榨牛蒡汁给我喝，喝的时候觉得不好喝，喝下去之后，觉得效果真好！"

　　如果不喜欢生牛蒡的味道，可以加点蜂蜜。或者先试试喝牛蒡茶，也有一定效果。

☆ **案例：读者经验**

　　我是先流清涕（白色），后流浓涕，后喉咙痛（黄痰），最后咽痒咳嗽。治愈顺序：鱼腥草（消炎），牛蒡茶（治喉咙痛），按摩鼻梁、眉心至额发际线（消清涕），对左手掌按摩，按食指→中指→无名指→小指四指指缝（按摩一遍，咽痒咳嗽立消）。感冒了，不论白痰黄痰，每日喝牛蒡茶＋按摩，每日喝排便、排尿、排屁，感冒不药而愈。

——红糖

◎　**读者精彩评论：**

最佩服老师用极简的食材调理大问题

昨天下午开始喉咙发紧，估计是感冒了，这次试了试牛蒡加罗汉果，太妙了，一杯就基本 OK 啦。

——心怡

一直跟着陈老师顺时生活，最佩服老师用极简的食材调理大问题。

——扑克

◎　**允斌解惑**

XI 问：都说喉咙疼喝板蓝根，不喝还好，喝了板蓝根冲剂反而疼得更严重了，我试过两次以后再也不买板蓝根了。这是为什么呢？

允斌答：① 扁桃体发炎引起的咽痛才适合喝；② 药品本身的质量不一样；③ 喉咙痛，用牛蒡调理效果也很好。

流感、感冒、肺炎等引起咳嗽、痰多怎么办?

痰的颜色不同,说明病因不同,祛除的方法也不一样。

咳嗽、痰白,嗓子不疼,喝蜂蜜大蒜水

如果是白痰,痰比较多,这是体内有寒,可以用蜂蜜大蒜水调理。

做法:拿一整个大蒜,把它切碎,装在一个小小的碗里,再加一点儿蜂蜜,上锅蒸 8 分钟,蒸好了以后,喝水,吃蒜。

急性的痰多咳嗽,基本上吃两次就好了。慢性的,可以连续多吃几天。

特别是有些朋友有慢性咽炎,属于寒证的,一直觉得喉咙痒,想咳,可以坚持多次喝蜂蜜大蒜水,效果是很好的。

咳嗽、痰黄,嗓子疼,喝果菊清饮

如果咳嗽,痰是黄色的,那是热咳,就是有炎症,要吃鱼腥草来消炎。

鱼腥草是一种蔬菜,味道有些腥,如果您不喜欢吃新鲜的鱼腥草,也可以用干品。干品鱼腥草有点像红茶,有一点儿香味,可以用它来煮水或泡水喝。

凡是炎症引起的发热,如果痰黄、嗓子疼,除了鱼腥草,还可以配上罗汉果;如果痰很黄,可再加一点菊花来清热。

如果肺热重,可以把菊花换成野菊花。

果菊清饮

原料：鱼腥草 15～30 克，菊花 3 克，罗汉果 1 个。

做法：将罗汉果压破，和鱼腥草、菊花一起分成三份，每次取一份放入保温杯闷泡 30 分钟后饮用，一日三次。

如果这些材料不齐，至少要用到鱼腥草。老年人也可以用。

记住，我们用鱼腥草的时候要注意两点：一是量要多，如果是在治疗病症的时候，要用到 30 克；二是千万不要久煮，煮的时间太长，它的抗炎作用就减弱了，最好是冷水下锅，水开 1 分钟就关火。

☆ 案例：读者经验

（疫情期间）从节前到节后，我已经持续十多天感冒了，女儿也被我传染了。实在难受，于是戴着大口罩去超市买来鱼腥草，熬了果菊清饮，喝了之后第二天，症状就减轻了。现在第四天喝，效果特别好，太神奇了。

——水晶

咳嗽、痰绿，吃橘叶炖肺

新冠肺炎疫情出现以后，我看到网上有很多人在转发我在《回家吃饭的智慧》一书中写的关于调理绿痰、肺有脓痰时用的食方——橘叶炖肺。

因此我特意在当时做的防疫公开课中给大家强调了一下：针对新冠病毒肺炎，我认为这个食方可能并不是所有人都能用得到。这个食方是专门调理细菌性肺炎的，而新冠肺炎主要是病毒性肺炎。

当然，有些人有可能会并发细菌感染。所以，如果咳绿痰、脓痰，可以用橘叶炖肺来调理。

做法：选新鲜的动物肺，猪肺或牛肺都可以，不要用羊肺，太热性。把肺用清水冲洗，直到洗成白色。然后切成小块，再清洗几遍，沥干。放入锅中，加凉水，大火烧开后，转小火炖到七八分熟的时候，放入橘叶一把，炖熟。然后喝汤吃肺，橘叶不用吃。

可以放少许盐调味，不放盐更好。

注意：肺一定要彻底洗白。不洗白的话，煮出来是黑色的，那是肺泡里残留的血，凝结之后就变黑了。这种含有血污的肺吃起来有腥味。好多餐厅做出来的都是如此。

如何收集橘叶呢？我们平时买橘子时带有橘叶，这时，您把橘叶留下来，晒干，需要时拿出来用就可以了。在中药店和网上也能买到。

☆ **案例：读者经验**

去年年底，老公感冒咳嗽，用鱼腥草煮水喝，感冒很快好了，但咳嗽加重。第二天咳出的是绿痰，赶紧做橘叶猪肺汤来喝，一夜无咳。第三天继续巩固一下，好了。

——Mahd is 小公主

干咳、无痰，吃蜂蜜蒸百合

肺热咳嗽，特别是干咳，或者痰中带血的人，可以吃百合来止咳。

蜂蜜蒸百合

原料：干百合 15 克，蜂蜜适量。

做法：把蜂蜜跟百合一起拌匀，加一点水，上锅蒸熟。

功效：润肺止咳。

注意：风寒咳嗽的人不适宜。

怎样调理流感和肺炎后遗症？

流感和肺炎后遗症的表现

流感和肺炎如果调理不当，容易留下后遗症。这是病毒伤害身体的结果，有时还有过度治疗或错误调理造成的雪上加霜。

比较明显的后遗症有：咳嗽、有痰、咽喉痛。

容易被人忽略的后遗症有：肠胃一直有点不适，胃口不好，或者觉得口干舌燥。

对这样的情况，不用吃药，用食疗来调适。

每一次得外感病后，身体有一个恢复期，我们要利用好这个时机，用饮食肃清余毒，恢复脾胃功能，并补上由于生病造成的身体虚亏。

流感、肺炎恢复期，如何调理脾胃？

如果流感或肺炎好了，但是感觉好像身体并没有完全恢复，肠胃一直有点不适，胃口不好，这时候我们需要彻底清除病毒，同时恢复脾胃的机能。

我们可以喝防感护生汤来调理这些后遗症。

防感护生汤

原料：鲜荠菜 1 把，萝卜缨 1 把，牛蒡半根，干香菇 3 个。

做法：1. 干香菇洗净泡发切块，牛蒡不要去皮，直接切块，荠菜连根一起扎成把。

> 2. 锅里放水，放一点点油和盐，放香菇和牛蒡煮开，再放萝卜缨煮 20 分钟后，放入荠菜再煮 1 分钟起锅。
>
> 不方便煮汤，也可以喝荠菜水、牛蒡茶。最好是多喝一段时间，彻底清除身体内的余毒。

流感或肺炎好转后，如何调理口干舌燥？

得了流感、肺炎，发热、拉肚子、出虚汗，这些都会伤到人体的津液。有些人好转后会觉得口干舌燥、有点乏力，这时候由于身体刚刚好转，还不宜大补，可以吃银耳、百合或葛根来清补。

用百合炖银耳，润肺补气，平和地给身体补虚，不会上火。

葛根粉用开水冲调以后，加点蜂蜜来喝，生津止渴。葛根可以抗心肌缺血、改善微循环，对病后恢复身体功能有好处。

流感或肺炎好转后，如何调理身体乏力？

如果口干而且乏力明显，可以加服党参。

在滋阴药中，银耳是比较平和的；在各种"参"中，党参是比较平和的。又怕寒凉，又怕上火的人，可以吃银耳和党参来补虚。

禽流感的预防

禽流感与普通流感有什么不同？

自从 1997 年香港首次暴发禽流感以后，每隔几年它就会卷土重来。特别是 2013 年严重的禽流感疫情，使许多人心有余悸。虽然它只是有限地人传人，但是致死率非常高，在 32% 以上。

禽流感是什么呢？它是流感的一种，原本只是在禽类之间传播。

它跟人们俗称的"鸡瘟"有什么区别呢？以前老人们所看到的鸡瘟很多是"伪鸡瘟"，其实是新城疫；而禽流感才是真性鸡瘟，它有时不一定引起鸡生病，只是携带病毒，这使得人们提前防范它更困难。

禽流感病毒变异之后，传染到人身上，人会发病，甚至会死亡。

禽流感与普通感冒不一样。比如 2013 年的禽流感，得病的人多数发热 39℃以上，连续三天不退热，就会引起肺炎等并发症，造成生命危险。

用醋熏房间，能预防禽流感吗？

醋熏房间，对防范禽流感的作用可能不大。一些对禽流感病毒的研究论文指出，禽流感病毒比较耐酸性，在偏酸性的环境下它可以生存，与其把房间弄得醋味十足，倒不如用中药熏更好。

禽流感流行时，能吃鸡蛋吗？

如果不是疫区的鸡蛋，是可以吃的，但要注意方法。其实，就算没有禽流感，平时吃鸡蛋最好也要注意一下。

前些年一有禽流感流行，很多人就跟家里人说："蛋不要买了，肉不要买了，鱼也不要买……"都不要买，这是过度紧张了。其实鸡蛋是可以吃的。

首先，禽流感病毒在 100 ℃ 高温下 2 分钟就被杀死。我们平时煮鸡蛋，最少也会煮 3 分钟。

其次，即使没有禽流感疫情，平时我们吃的鸡蛋的表面也是有很多病菌的。在鸡群中间，禽流感病毒经常是在静默传播的，只是鸡没有发病我们看不出来。除了病毒，还可能有沙门氏菌等等。

为什么平时我们吃鸡蛋没事呢？因为鸡蛋外壳是有一个保护层的，保护内里的鸡蛋清和鸡蛋黄不会被外面的病毒污染。

所以我们无论何时吃鸡蛋，一定要将外壳好好洗干净，并且摸过生鸡蛋以后，要好好洗手。

很多人平时是把鸡蛋拿起来随便洗洗就煮来吃，或者带着上面的脏东西直接就在碗边磕开，磕完生鸡蛋以后，不马上洗手，又去拿别的菜、拿碗、拿筷子，这些都是错误的习惯。

禽流感病毒其实一直在我们身边，只是有一些还没有产生传染人的能力。所以我们平时接触生肉、生蛋，都是要注意防病菌的。

禽流感的防范：正确洗手非常重要

人们对禽流感望而生畏，其实普通人如果不接触活禽就没有那么危险，感染的概率比普通流感小。

预防禽流感，主要是做好隔离防范：尽量不接触活禽，在野外看见鸟类，保持一定距离欣赏就好，其实鸟儿也不喜欢人们去打扰它们；洗手非常重要，很多人忽略了这一点。我观察到一些人，平时只用清水洗手，这是不够的。要用肥皂或者洗手液才能洗干净手。

有人不洗干净手就摸自己的鼻子、眼睛，这是最容易感染的。

当我们接触到病毒时，不管是不是禽流感病毒，再无意识地用手摸鼻子，摸眼睛，病毒就会通过黏膜进入身体，就有可能发病。

有很多小朋友，洗手就是随随便便冲一下。正确的洗手方法应该是五步洗手法。

　　我曾经在录节目时调查现场观众有多少人知道五步洗手法，只有三分之一的人表示听说过，再问有多少人坚持五步洗手法，全场仅仅有四五人举手。

五步洗手法：

　　一定是用流水洗，打开水龙头冲洗，不是在水盆里洗。

　　第一步，双手用水淋湿，打上洗手皂或洗手液，手掌互搓；

　　第二步，手指交叉互搓指缝；

　　第三步，单独搓洗双手大拇指；

　　第四步，双手背相互揉搓；

　　第五步，一只手的5根手指攒在一起，在另一只手的手心揉搓，清理指甲缝。

　　上述步骤完成后，再用清水清洗一遍。

增强体质篇

正气存内，邪不可干

第十章
防病、增强体质的代茶饮和食方

中国人的传统饮料，很多是由药方演变而来，体现了药食同源的中华特色。

乌梅汤——以乌梅为君药的传统方，是其中的一个经典。

它酸甜可口，是大众普遍喜爱的口味，而它的保健作用也同样适合普通大众，尤其适用于夏秋冬三季。

果菊清饮，清肺排毒

有形的湿热，表现为哪些炎症？

前文讲过，果菊清饮很好用，肺炎、流感、支气管炎、咽炎……只要是咳嗽痰黄都能用上它。

果菊清饮可以清肺排毒，它还是一种防病的代茶饮。

哪种情况可以喝果菊清饮防病呢？身体有湿热，并且经常有炎症、咽喉不适、皮肤问题等的人，可以常喝果菊清饮。

很多时候，比如说经过一个夏天，我们的身体容易蓄积湿热。

湿热，表现为"有形"和"无形"两种状态。

有形的湿热：各种炎症，比如肺炎、咽炎、妇科炎症、前列腺炎、肾盂肾炎……

这些炎症往往伴有黄色分泌物，比如鼻涕黄、痰黄、小便黄、白带发黄，另外还会有脂溢性脱发、面部油脂分泌过多、长带有脓头的青春痘等症状。

对策：果菊清饮。

如何自制果菊清饮？

果菊清饮

原料：鱼腥草 15～30 克，菊花（如果肺热重，可以把菊花换成野菊花）3 克，罗汉果 1 个。

做法：将罗汉果压破，和鱼腥草、菊花一起分成三份，每次取一份放入保温杯闷泡 30 分钟后饮用，一日三次，或一次煮好喝一天。

功效：消炎，抗敏，清肺热，调理慢性咳嗽、咽炎、黄痰、青春痘。

适宜人群：经常长痘、咳嗽痰黄、小便黄、白带黄、咽炎、慢性炎症、吸烟、三高、空气污染及雾霾地区的人。

☆ **案例：读者经验**

我老公得脑出血，在重症的时候肺部感染，反复发热，我只能眼看着医生反反复复地给他打抗生素。后来到了康复科后，只要他有一点黄痰或者小感冒之类的症状，我就给他用罗汉果、鱼腥草调理。老公长时间躺着，没办法自主用肺呼吸，但自从给他用了果菊清饮后，即使发热也就是持续半天，而且发烧度数不会很高。肺部不再反复感染，这样他就一天比一天好了。

——邹小青

罗汉果、鱼腥草、菊花、野菊花分别有什么功效？

罗汉果的功效与主治：清热润肺，利咽开音，滑肠通便。用于肺热燥咳、咽痛失音、肠燥便秘。

鱼腥草的功效与主治：清热解毒，消痈排脓，利尿通淋。用于肺痈吐脓，痰热喘咳、热痢、热淋、痈肿疮毒。

菊花的功效与主治：疏风清热，平肝明目，解毒消肿。主外感风或风温初起、发热头痛、眩晕、目赤肿痛、疔疮肿毒。

野菊花的功效与主治：清热解毒，泻火平肝。用于疔疮痈肿、目赤肿痛、头痛眩晕。

◎ **读者精彩评论：**

时不时地喝果菊清饮，抵抗力比往年好多了

我鼻干、咽干，疼得厉害，喝了两天果菊清饮，吃了一天水泡花生，鼻子润了，嗓子也不干了，基本不疼了，太神奇了。

——24 群读者

老师的书上说，白菊花保护心脑血管，我就有点这种症状，前不久后背心脏的地方还有点疼，喝了果菊清饮很舒服。

——张亿歌

我买了老师的《茶包小偏方，喝出大健康》，里面的果菊清饮和退热方都体验过，太神奇了。

——韦美娟

今年我时不时地喝点果菊清饮，还有防流感的梅子汤，孩子和我的抵抗力都比往年好多了！前几天妈妈说喉咙痛，我判断是外寒内热，虚火上行，我泡了杯红糖＋胡椒粉给她喝，她第二天早上就好多了。

——韩仟瑜

我前天出去一趟，回来洗了澡，晚上感觉嗓子疼，喝了两支藿香正气水，就睡了。昨天早上起来还是感觉嗓子有点疼，老公接着煮果菊清饮给我喝了一天，让孩子也跟着喝，晚上睡觉已经感觉不出嗓子疼了。（新冠肺炎）非常时期出不去，老师的方子起了大作用。

——31 群青柠檬

允斌点评：嗓子疼不宜用藿香正气水，喝牛蒡茶或果菊清饮都可以。

② 国民保健饮料：甘草陈皮梅子汤（养血乌梅汤）

为什么慈禧太后爱喝酸梅汤？

中国人的传统饮料，很多是由药方演变而来，体现了药食同源的中华特色。

梅汤——以乌梅为君药的传统方，是其中的一个经典。

它健脾益胃，调肝利胆，滋阴养血，既能治疗各种疾病，又特别适合日常保健。

从周朝天子饮宴中的梅浆，到唐宋的各种梅汤药方，梅汤亦食亦药，看似平常，但是屡屡在治病时收到奇效，传承千年不衰。

清宫中，帝后日常离不开这一碗保健品。

八国联军入京，慈禧太后逃到陕西，仍然坚持喝酸梅汤，派人往太白山取冰制作，后来传入民间，变成老北京人记忆中不可或缺的风味。

梅汤酸甜可口，是大众普遍喜爱的口味，而它的保健作用也同样适合普通大众，尤其适用于夏秋冬三季。

☆ 酸梅汤并不寒凉

暑天之冰，以冰梅汤为最流行，大街小巷，干鲜果铺的门口，都可以看见"冰镇梅汤"四字的木檐横额。有的黄底黑字，甚为工致，迎风招展，好似酒家的帘子一样，使过往的行人，望梅止渴，富于吸引力。

——徐凌霄《旧都百话》

酸梅汤其实并不寒凉，而是清补的。

清补：清虚热，补阴虚，防止暑热伤身。

止汗：防止出汗过多伤气。

健胃：调理暑热造成的食欲不振、消化不良。

天热，人体出汗多，容易伤阴。伤阴之后容易引起虚热。比如睡觉出汗、手脚心发热、心里烦热，这样的热就是虚热。

所以夏天合家老小喝酸梅汤，是中国人一个很好的传统养生习惯。

☆ 喝黄芪怕上火，可配喝酸梅汤

每年的三伏天，我们都要喝黄芪补气。如果觉得有点火气，可以把黄芪与酸梅汤一起煮，这样不容易腹胀，而且可以增强瘦身的效果。

乌梅有什么奇效？

梅汤不仅好喝，而且屡屡在治病时收到奇效，因此成为传承千年不衰的国民保健饮料。

这要归功于乌梅的神奇功效。

☆ 天然降脂药，抗衰老

乌梅是由半黄梅子制成的。梅子延寿的作用，乌梅也具备。

梅子是天然的降脂药：梅子分解脂肪的能力特别强，所以平时喜欢吃油腻食物的人，可以多吃梅子来防止脂肪过剩。

梅子能抗衰老：梅子的酸味，会刺激腮腺分泌腮腺素，让皮肤更有弹性。其中，腮腺激素（"返老还童激素"）能增加人体肌肉、血管、骨骼和牙齿的活力。

☆ 补肝，健胃，固肾

梅子专入肝经，以排毒为主，而炮制成乌梅，就神奇地变成了大众适用的清补药。

人们以为酸梅汤就是酸甜味，其实真正的养生梅汤，喝起来应该有微微的苦味，闻起来还有淡淡的草烟味。

煮出来的汤颜色清亮，并没有常见的酸梅汤那么深。

因为传统炮制的方法，不用煤火也不染色，而是用百草来烟熏。这样制成的乌梅，性味变为苦温，补肝不上火，又增添了健胃、固肾的作用，还有独到的功效。

☆ "引气归元"

人体秋收冬藏，如果收藏不力，可以用乌梅来帮助。

我经常讲肉桂、胡椒粉可以"引火归元"，虚火上浮时要用到它们来往下引。

人体的五脏之气，也和火一样，会逆行，不走规定路线，使身体出现问题。

比如，肺气如果往上逆行，就会引起咳嗽。

而乌梅能把人体内乱窜的气收回原位，这叫理气而不伤气，既纠正了气的逆行，又不伤害人体的正气。

☆ 调理肠炎和腹泻，保肝

有的人肠胃不太好，吃了不干净的东西后，肠炎几天都好不了，喝乌梅汤可以调理。

乌梅汤还可以增强肝脏的解毒功能，消除疲劳，软化血管。

梅子，百草烟熏方为药

梅汤治起各种疾病来，也毫不逊色于药物。

这要归功于乌梅的传统炮制方法——百草烟熏。

酸梅汤有各种版本，但如果较真起来，有的只能当作解渴的饮料来随便喝喝。

要起到养生治病的作用，乌梅的真假、品质是前提。

☆ 如何辨别掺假乌梅？

我经常发现乌梅有掺假的现象，有的用桃子、李子、杏子的幼小落果来冒充。

鉴别点：

尝——桃子冒充的乌梅味道不够酸。

看——剥掉果肉看果核，李子、杏子的果核外观有点不同。

☆ 如何辨别染色乌梅？

现在采用传统炮制方法的人越来越少了，很多人是用煤熏法和染色法。

劣质乌梅——炭熏染色梅。

染色乌梅——用煤炭甚至硫黄快速烘干梅子，染成黑色。

鉴别点：梅子整体呈现均匀的黑色，煮出来的汤汤色浑浊，有焦味。

劣质乌梅煮出来的梅子汤色香味都不佳，因此现在的配方越做越复杂，掺入洛神花等各种材料来调色调味，喧宾夺主，已失去了乌梅为君药的本义。

☆ 道地乌梅——百草烟熏梅

传统的梅子炮制方法是非常讲究的。

方法：采摘半黄梅子，炕焙 2 ～ 3 天，炕下面放上干草和树枝并燃烧，利用烟来熏制梅子，熏到颜色棕褐，起皱皮，再焖制 2 ～ 3 天，直到果皮和果肉都变成黑色，就成了道地的乌梅。

特点：梅子颜色不均匀，煮出来的汤汤色清亮，喝起来酸中微苦，并有一种淡淡的草烟味。

这样的梅子制成的梅汤才有养生治病的作用。

如何自制甘草陈皮梅子汤（养血乌梅汤）？

甘草陈皮梅子汤（养血乌梅汤）

原料：乌梅 6 个，川陈皮 1/4 ～ 1/2 个，大枣 6 个，山楂
10 克，甘草 5 克。

做法：沸水闷泡 30 分钟，有条件煮水更佳。

允斌叮嘱：

1. 孕妇饮用时需要减去山楂。

2. 女性经期不饮。

3. 怕酸的人可以加入一个罗汉果一起煮，就会甜了。

甘草陈皮梅子汤不仅可以调理肠胃的问题，同时有一定补血的作用。全家人平时都可以经常喝它来保健。

◎ **读者精彩评论：**

吃多了上火食物，喝一杯乌梅汤很舒服

我在喝甘草陈皮梅子汤，加山茱萸一起泡水喝可以补肾虚，喜欢老师的茶包小偏方！

——畅然

昨天吃多了上火食物，今天煮乌梅汤喝，喝了一杯，喉咙很舒服。

——南冰韵

前段时间我家孩子一直咳嗽，有痰音，近几天每到晚上手上就有很多小红点，早上起床又没有了，连续几天都这样。我用甘草、陈皮、乌梅汤煮水给孩子喝，喝了第一天，痰就少了很多，第二天、第三天就全没有了，连咳嗽声也听不到了，痰也没了。真的特有效。

——晴天

◎ **允斌解惑：**

煮甘草陈皮梅子汤，可以加山茱萸吗？

张亿歌问：请问老师，煮甘草陈皮梅子汤，可以加山茱萸吗？谢谢老师。

允斌答：可以的，这样就是我以前讲过的"茱萸梅子汤"，它更偏补一些，养肝血，固精气。

行者问：最近这些日子每日都在喝加强版梅子汤，还加了当归和山茱萸。酸酸甜甜，喝了口不干舌不燥，开胃消食，固表补气血，助睡眠。每次喝完睡觉都特别好，还有去痘的功效。我发现喝一段梅子汤，唇周围和下巴上若隐若现的"小颗粒"消失不见了。这下，又学会一招：加上两个鲜橘皮或橙皮，能防治流感。

允斌答：梅子汤对于消除脸颊和手臂的毛囊角化颗粒，效果也很好。

Sunshine 问：老师，这种乌梅汤煮好后，可以放冰箱存放几天啊？

允斌答：尽量不要存放，最好是食材配好之后现煮现喝。

给中老年人增强体质的桂芝陈皮羹：
祛下焦寒瘀，清上焦虚火

我曾在电视里讲过 2013 年给一位 40 多岁的朋友调理身体的故事。那时她觉得自己从头到脚都有毛病，失眠，全身这里冷那里痛的，还怀疑更年期提前了。我给了她一个小方，她服用后，各种不适都缓解了，月经也如期而至。

后来，我把这个方子进一步完善，做成了桂芝陈皮四物红糖膏方，读者朋友自己不方便熬膏的话，可以做成简易版——桂芝陈皮羹。

如何自制桂芝陈皮羹？

如果身体下面有寒，上面有火，可以喝桂芝陈皮羹，来祛下焦寒瘀，清上焦虚火。

桂芝陈皮羹

原料：肉桂 6 克，木耳 1 小把，陈皮 1 个，枸杞子 1 大把，红糖适量。

（自测平时是否有以下情况：暴饮暴食，喝酒过量，咳嗽发热。若有，则加入牛蒡同煮，煮过的牛蒡片也可以吃掉。）

做法：将肉桂、木耳、陈皮、牛蒡加水炖 1 个小时，放入枸杞子和红糖搅拌均匀后关火。

功效：补肾，养胃，调理贫血。祛下焦寒瘀，清上焦虚火。

适宜人群：血瘀体寒却又经常上火的人。

桂芝陈皮羹中的药食分别有什么功效？

☆ 肉桂："补肾药中的君子"

方中的主药是肉桂，它是调料，也是补肾阳的中药。

肉桂与许多其他补阳药不同，它既能祛除寒瘀，使人全身暖和，还能防止虚火，因为它有引火归元的作用，可以把人体的虚火往下引。

所以我把肉桂比作"补肾药中的君子"，补得温厚，不浮不躁。

☆ 陈皮：药中的"贤妻良母"，"同补药则补，同泻药则泻"

桂芝陈皮羹这个食方中也配了陈皮。陈皮有三大作用：健脾，燥湿，化痰。

我把陈皮比作药中的"贤妻良母"。陈皮很百搭，"同补药则补，同泻药则泻"。补药有了它，能增强补的功效；排毒药有了它，能增强排毒的功效。

"谦谦君子，温润如玉"，是肉桂的写照。

"之子于归，宜室宜家"，是陈皮的写照。

陈皮与肉桂相配，好比"夫唱妇随"，有珠联璧合之妙。

◎ 读者精彩评论：

一有点儿口腔上火，喝了很快就好

我昨天下午胃痛，晚上九点多我泡了一块桂芝陈皮四物红糖，有点中药味，我边喝边把杯子放在胃部，当时就感觉有缓解。喝完后，我把茴香盐包加热，热敷了三次，最后抱着盐包睡觉了。今天早上胃好了。

——31 群雪天

无意中看到有文章介绍说，经期吃桂枝茯苓丸可以调理囊肿。我抱着试一试的心态，经期的时候，在当归蛋中加入桂芝陈皮四物红糖，只坚持了两个月，一侧的囊肿已经消失了。

——倩倩

这个月经期吃了桂芝陈皮红糖和茯苓内金红糖，感觉量多起来了，腰不酸了，还有血块排出来了。肚子一开始有点胀，血块排出后，肚子舒服多了。

——26 群读者

我一有点儿口腔上火，就喝桂芝红糖，很快就好了，实验多次，效果很好。

——小木

来例假喝了桂芝陈皮四物红糖膏方，真的好舒服，腰不酸了。

——轻舞燕燕

◎ **允斌解惑：**

食方就像中药方，不能看单一原料的药性，要看组合的功效

精灵豆问：老师，您在书中说春天不宜吃太多红糖，易上火，但（2020 年）立春节气推荐吃的桂芝陈皮羹里有红糖，我可以这样理解吗，桂芝陈皮羹食材里君臣辅佐，可以抵消纯红糖易上火的特质？

允斌答：对的。食方就像中药方，不能看单一原料的药性，要看组合的功效。

全家顺时粥：
顺时食粥，性命无忧

顺时而食，每日坚持，比人参虫草的作用强多了

天生万物，独厚五谷。

现在流行"不吃主食减肥法"，我真的很担心年轻的朋友们长期这样做，未来会付出惨痛的代价。所以我在电视、电台等各种传播媒介讲课时，有机会就讲它的危害。

作为中国人，基因决定了我们要多吃五谷杂粮等主食，否则难以常葆青春。

古人通过千年的实践，对各种杂粮有何功效，何时宜吃、何时不宜吃，都有细致入微的区分，这在《黄帝内经》《千金方》等古代医书中都能找到。

在不同的年份、不同的气候阶段恰当地选择和搭配杂粮，顺时而食，只要每日坚持，比人参虫草滋补的作用强多了。

遵照古代医书中的方法，我们可以把不同年份宜吃的杂粮搭配成顺时粥方，每年调整。有条件的话，还可以在冬天和春天吃一种配方，夏天和秋天吃一种配方。

举个例子，去年我发给大家的冬春顺时粥配方，是用来在 2019 年冬季到 2020 年春季喝的（见本书第 21 页）。这里有什么特殊之处呢？

第一，加了绿豆。绿豆是清湿热、排肝毒的，一般我们冬天不常吃，为什么这个冬天要吃呢？

《顺时生活》（2019 健康日历）书中曾提示过：2019 年湿气将比较重，到了冬天还会有湿热。所以这期间的顺时粥整体配方强调祛湿，配合清热排毒。（补充：最新发布的 2019 全年气候报告印证了这一点：2019 年降雨比常年偏多，而且日照偏少。）

第二，加了红高粱。这个是跟前两年的顺时粥不一样的原料。

为什么要用红高粱呢？红高粱也是帮助我们身体"固"的。固就是黄芪"固表"那个"固"字的意思——加固、增强我们身体对外的防御能力。

把它们搭配杂粮一起煮粥，每日全家一起喝是最好的。到了春天，还可以把它煮成顺时七宝粥，也就是在里面加上各种时令蔬菜（2020 年给大家建议的是荠菜、萝卜缨、香菜、葱叶，为的是抗呼吸道病毒），把这些菜切得碎碎的。先煮顺时粥，当粥快煮好的时候，往粥里放一点儿油，放一点儿盐，再把切碎的菜放进去，稍微一煮，就可以起锅了，味道清香，很好喝。

由于每年的饮食重点不同，我在此无法给大家一个通用方，只提示一下，顺时粥是可以与节令粥合并的：

① 春季，煮顺时粥可以加蔬菜，煮成顺时七宝粥；

② 夏季，煮顺时粥可以加黄芪，煮成顺时黄芪粥；

③ 秋季，煮顺时粥可以加银耳，煮成顺时银耳粥；

④ 冬季，煮顺时粥可以加陈皮，煮成顺时陈皮粥。

一年四季，顺时粥的配方里都可以加茯苓，这样吃既能健脾祛湿，还能让皮肤更白；还可以加莲子、桂圆、党参等滋补食材一起煮。

◎ **读者精彩评论：**

每日一碗顺时粥，天天精神特棒

每日起床后喝一碗顺时粥加枸杞子、桑葚、红莲、桂圆肉、葡萄干，天天精神特棒，二胎宝宝也特别好带。

——宋芊

吃了顺时粥两个月左右，最近发现它能调理我的入睡慢问题。我以前经常晚上 10 点上床，12 点左右甚至凌晨两三点才能睡着。但最近不知不觉很快能入睡，心想除了顺时粥没吃什么，而且我还放了个鸡蛋进去，等于米粥煮鸡蛋，又能补气血。

——57 群淇淇（东莞）

我觉得冬春款顺时粥最好吃了，现在天天都吃，12 月体检时同事们都有湿气重的问题，而我没有。

——蔷薇路

春季防病毒，喝七宝粥

七宝粥，多放辛味菜

春季病毒活跃，我们可以多吃辛味蔬菜。立春时吃五辛盘（各种辛味蔬菜），还可以将蔬菜放到粥里，煮成七宝粥，全家每日当早餐吃。

七宝粥里所用的蔬菜，可以任意选择品种，最好多选一些辛味的菜，以助人体抗病毒。

南方可以采摘野菜，比如荠菜和繁缕。

北方的朋友可能感觉在早春时集齐七种蔬菜有点困难，那就用一些现成的家常菜，没有萝卜缨可用萝卜（带皮），没有小葱可以用大葱叶。

我住在北京，虽然早春还会下雪，但是北方封闭的阳台就像个小温室，天再冷也能自己种点小葱、麦芽和蒜苗。

还有不请自来的野草——繁缕，立春后长得更茂盛，放少许在七宝粥里，有清热利咽的作用。

如何在家自制七宝粥？

七宝粥

原料：芹菜、荠菜、芥菜、韭菜、香菜、大蒜、蒜苗、葱叶、蔓菁、繁缕、油菜薹、萝卜缨或带皮萝卜（以上任选七种），杂粮（可以用顺时粥的配方）。

做法：

1. 先煮一锅杂粮粥（顺时粥），放少许油和盐。

2.粥快煮熟时，加入切碎的七种蔬菜再煮熟。

功效：排浊，祛湿，健脾胃，升发阳气，抗病毒，预防春季流行病。

七宝粥是帮助我们身体排浊的，也就是排出毒素的，同时它还能够打开我们身体气的通道。

进入春天后，我们调理身体的方法，跟冬天是不一样的。我们要打开身体，打开身体气的通道，让积存一冬的毒素都排出去。这样身体干干净净的，才不容易生病。

☆ 案例：读者经验

昨天晚上吃了七宝粥，今天早上大便了两次，很畅快，肚子空空的，特别舒服。到八点多肚子饿，看来是肠毒被清理出去了，胃气恢复了正常。

——小双

今天变换做七宝粥，香菜、荠菜放得多，太好吃了。

——张亿歌

陈老师您好！看到你说的七宝粥，我在自家的菜园子里找到了：荠菜、香菜、韭菜、大葱、蒜苗、茴香、藿香、小根蒜、面条菜，等等。做了七宝粥，家人都说好吃。

——玉镶金

春季轻微干咳，吃带皮的萝卜

七宝粥中用的萝卜缨是什么呢？就是萝卜上面的绿叶。如果家里没有，我们也可以自己养萝卜缨。

您可以把萝卜头切下来，放在一个盘子里，再加一点水，每日保持湿润，它就会自己长出萝卜缨来。

假如没有时间养萝卜缨，直接吃带皮的萝卜也可以。

小时候家里人吃萝卜的时候，爸爸总爱说上一句："萝卜上了市，医生没了事。"

萝卜要是吃好了，比药还灵，但要吃对它，有两个关键：

什么时候生吃？什么时候熟吃？

吃萝卜是否要带皮？

春季病毒活跃，如果发现自己或家里的老人、孩子开始轻微干咳，不要掉以轻心，马上给他们吃几片生的白萝卜。最好是细细地嚼碎了，慢慢地咽下去。

没有白萝卜，也可以用青萝卜、红萝卜或是心里美萝卜，但不要用胡萝卜。

生吃萝卜可以刺激人体产生"干扰素"，对呼吸道病毒很有效。萝卜皮也有止咳的作用。

记得一感觉到有干咳的症状要立即吃，不要耽误治疗。

萝卜生吃与熟吃的功效有什么区别？生萝卜生津止渴，祛风热、抗病毒的效果好；熟萝卜健脾消食，下气、化痰、促进消化排泄的效果好。生萝卜能止痢疾腹泻，而熟萝卜却有助便的功效。

哪些情况适合吃生萝卜？

① 风热感冒；② 肺热咳嗽(咽痛、痰黄)；③ 口干舌燥、咽喉嘶哑；④ 急性肠炎、痢疾。

哪些情况适合吃熟萝卜？

① 消化不良；② 腹胀积食；③ 胸闷痰多；④ 大小便不利。

◎ **读者精彩评论：**

生活很平淡，却蕴藏着五味在里面

每年我都会吃老师推荐的五辛菜，我管它叫"春天的味道"。将韭菜、荠菜、香菜、萝卜缨、芹菜切成碎末，水里放点盐和猪油，水开后撒进锅里，煮一分钟关火，好美味的一道汤，清淡无异味，却隐藏着无穷魅力，喝一口下去，就感觉生活很平淡，却蕴藏着五味在里面。要用智慧去生活，才能发现它的美！

——祝福

萝卜缨和荠菜在市场买不到，我就在家门口的一小块荒地种上，终于赶在今年的春天能吃上了。吃好平常的一粥一饭、一菜一汤、一茶一饮，到了疾病面前就不慌。

——小芳芳

几天前我就开始煮七菜羹吃了，今天早晨用顺时粥加七菜做的七宝粥更是异常美味，喝下去暖暖的，整个人都元气满满。

——杨杨

居家防疫，自己在家里发绿豆芽、红豆芽、豌豆尖、萝卜苗，又种了油菜、大蒜和小根蒜，鱼腥草长出了一些叶子，两盆穿心莲长势喜人。今天早晨用自己种的菜煮了顺时七宝粥喝，满满的成就感。

——杨杨

◎ **允斌解惑：**

七宝粥可以长期喝，所放蔬菜可应季调整

阿凡提问：陈老师你好，前几天开始喝七宝粥，喝完之后，肚子里的垃圾都排出来了，肚子可软了，痔疮也没有了。请问陈老师，这个七宝粥能不能长期喝呢，还是就这个季节喝？

允斌答：可以长期喝，所放的蔬菜可应季调整。

瑞问：昨天煮了七菜，不过加了面条，这样可以吗？

允斌答：可以的。

映山红问：非常时期不敢出门，能不能用去年保存的荠菜干品煮水喝？还有新冠肺炎是由于湿气太重，我能不能用荷叶陈皮茶祛湿呢？

允斌答：可以的。家里有什么就用什么。

Cacy 问：老师，全身肌肉酸痛和头痛差不多十天了，每日喝姜葱水（按照您说的，吃掉姜和葱）和鱼腥草茶，也吃百合莲子银耳粥，感觉有些好转。请问还可以吃什么来提高抵抗力？

允斌答：七宝粥就很合适。

英子问：老师好！七菜羹，菜不齐，就有四到五种，不知这样可以吗？煮好后全家人都说好吃，很鲜，很香。

允斌答：可以的。虽然不齐，但比不喝要好很多。

夏季防病毒，喝银花甘草茶

与其抢双黄连，不如备金银花

金银花是清热解毒的常用中药，双黄连口服液、银翘感冒片和银翘解毒片都以金银花为主药，但是这几种中成药还配伍了寒凉的黄芩、连翘等中药，只能用来治热病，不能用来当预防药随便吃。

在新冠肺炎疫情期间，社会发生抢购双黄连事件。其实，双黄连很寒凉，吃多了伤阳气，反而会降低身体的抵抗力，适得其反。

与其抢不能随便服用的双黄连，不如在家里备点金银花。它是药食同源的，再配上甘草调和，大人、儿童都能喝。

对于流脑、乙脑、手足口病等病毒感染者，常喝银花甘草茶有预防的作用。其对调理肺火引起的青春痘和夏季的日光性皮炎也有好处。

如何在家自制银花甘草茶？

银花甘草茶

原料：金银花干品 10 ~ 30 克（或鲜品一大把），生甘草 3 克。

做法一：把金银花干品与生甘草用开水烫洗一下，放入茶壶，用沸水闷泡。

做法二：1. 把生甘草用开水烫洗一下，放进茶壶，冲入小半壶开水，闷 10 分钟；

2. 把洗干净的新鲜金银花放入茶壶，冲入 70℃的开水，不要盖壶盖，泡 5 分钟后就可以喝了。

> **功效：**清凉解暑，清热解毒，预防青春痘，预防小儿传染病。
>
> **允斌叮嘱：**1. 风寒感冒时暂停饮用，风热感冒可以喝。
>
> 2. 金银花现在按品种分为两类：金银花和山银花。它们都是可以用的。
>
> 3. 金银花寒凉，平时泡饮，必须用到甘草，才能调和它的药性。

在盛夏时节，全家人包括孩子喝这道茶都很好。

有些小朋友如果不喜欢甘草的味道，可以加蜂蜜调味。

补充：银花甘草茶是通过清肺火来预防青春痘的。预防或治疗不同的痘，方法不一样：

① 下巴长痘——预防：姜枣茶（四季），急性期：果菊清饮；

② 长期反复发作的痘——果菊清饮；

③ 平时护理——马齿苋外敷。

☆ 案例：读者经验

去年（2019 年）湿气真的非常重，好几年没有长痘痘的我，竟然疯长痘痘。仔细反思，去年也就是没喝银花甘草茶，没想到"湿"和"热"狼狈为奸，左右脸颊长了大片痘痘，虽然用食方控制住了，但是痘印真的很难消除。从去年冬季开始，我越来越感到虚火上炎，头面浮游，即使喝了两个月的果菊清饮，虚火依然。湿热风，都在助长虚火。强烈感受到陈老师所说的是正确的，越年轻越要开始养生，否则阴阳、气血、心肝脾肺肾等若有一样失调，就会处处闹心。

——Donna

◎　**读者精彩评论：**

越年轻越要开始养生

　　尽管我买了双黄连（口服液），那也只是备着，老师也说了，只适用于风热感冒。

——Shaala

　　今年没有跟风抢各种中成药，心里比以往都要淡定。一直喝果菊清饮，配合祛湿。风寒时用葱姜陈皮水，北方下雪天冷时喝姜枣茶，嗓子疼时喝牛蒡茶，家里没有酒精，就用白酒给孩子擦鼻腔，用稀释的酵素液洗漱……针对身体出现的毛病及时调理，家里老人和小孩都容易接受，也非常配合。

——木兰花

第十一章
传染病流行期易感人群的加强食方

出门在外，特别是在长途旅行时，人们容易感"风""寒""湿"三种不正之气，造成抵抗力下降，此时病毒最易乘虚而入。

所以，我建议在到达目的地后，用香菜加上陈皮做代茶饮来喝。这个代茶饮不用每日都喝，外出后喝一两次就可以了。

哪些人属于呼吸道病毒易感人群？

一般来说，下面这 6 种人对于呼吸道病毒的抵抗力比较弱：

- 5 岁以下儿童
- 65 岁以上老年人
- 有慢性病（心脑血管疾病、糖尿病等）的人
- 肥胖的人
- 孕妇
- 气虚，一动就出汗的人

具体到某一种病症，还要分体质而言。例如体内有寒的人更容易得风寒感冒，体内有热的人更容易得风热感冒。

新冠肺炎疫情期间，哪些人属于高危易感人群？
（2020 年 2 月 2 日直播实录）

在这次新冠肺炎疫情期间，哪些人属于高危易感人群呢？我认为是湿气重的人群。

在新冠肺炎确诊病例中，一开始老年人比较多，而且容易转为危重病症，因为老年人湿气比较重。

分析早期的病例，那些危重病例、死亡病例，一般患者都有"三高"（高血压、高血糖、高血脂）、糖尿病等慢性病，还有的人曾经患过脑梗，这就说明患者身体内的痰湿非常重。痰湿非常重，就营造了一个病毒非常喜欢的体内环境，所以也就更容易受到病毒的侵袭。而在病毒侵袭之后，身体免疫系统变弱，从而造成更多的问题。

我们可以看到，在已知的新冠肺炎病例中，有些重症患者到最后，整个肺都变成白肺，肺部被黏液闭住了，从而造成呼吸困难，这就是湿气太重了。

所以，我们要想防治新冠肺炎，就要让自己的身体内没有湿气，让自己身体内的环境保持干净。

我建议，在新冠肺炎疫情期，我们要尽量吃一些祛湿的食材、调料，家里有什么就用什么；身体湿气祛得越多，我们就越安全。

春季呼吸道疾病易感人群，
常喝防感护生汤

春季容易有呼吸道疾病的人，可以每周喝两次防感护生汤。

平常年份我们是在春天的后半段最需要喝防感护生汤，但在一些特殊年份，比如 2020 年，《顺时生活：2020 健康日历》书中会提示：易感人群要从立春开始喝防感护生汤。防感护生汤可以祛风湿，养脾胃，清热解毒，提高免疫力，预防流行病。

防感护生汤

原料： 鲜荠菜 1 把、萝卜缨 1 把、牛蒡半根、干香菇 3 个。

做法： 1. 干香菇洗净、泡发、切块，牛蒡滚刀切块。

2. 锅里放水，放一点点油和盐，放香菇和牛蒡煮开，再放萝卜缨煮 20 分钟后，放入荠菜再煮 1 分钟起锅。

允斌叮嘱：

1. 牛蒡不要去皮。

2. 要用干香菇，不用新鲜的。

3. 每周喝两次。

4. 没有条件做汤，也可以每日喝牛蒡茶和荠菜水来代替。

防感护生汤是很平和的，家里的男女老少都可以喝，孕妇也可以喝。建议每周喝两次。

即使不是易感人群，如果有条件煮汤的话，我也建议春天喝这道汤。

它滋味清淡鲜香，能清除脾胃的积滞，是很适合全家人春季养生的美食。

这道汤最重要的原料是荠菜，它能帮助我们祛除体内的陈寒。

为什么有的人春季容易被病毒感染得病？

这跟冬天不注意避寒大有关系。

《黄帝内经》中说："冬伤于寒，春必病温。"冬天受寒，寒气深入人体潜伏下来，变成"陈寒"。到了春天，郁积化热，就会使人上火、发热、咳嗽、眼睛发红，甚至染上传染病。

什么是陈寒呢？这是我家传下来的一个特殊说法，把人体内积存的陈年寒气，称为陈寒。

从小母亲就告诉我们，一定要吃荠菜，它能"搜"陈寒。

所以从立春的春盘、人日的七日羹到防感护生汤、三月三上巳节……整个春天我们都离不开荠菜。荠菜是春天男女老少都应该吃的一种菜。它能帮助我们预防春天的流行病和传染病，包括风热感冒和麻疹。它还可以调理上火后嗓子疼、眼睛发红、流鼻血、牙龈出血等症状。

鲜嫩的荠菜，怎么吃都好吃，炒着吃，煮汤喝，或做馅儿包馄饨。老荠菜可以留下晒干入药用。荠菜要吃就吃全株，整株药性才好。

◎ **读者精彩评论：这是全民抗病毒的一种方式**

今天喝了两餐的荠菜汤，真好喝，越来越喜欢荠菜了。顺时生活，提高免疫力，让邪气无法侵入，这也是全民抗病毒的一种方式。

——英子

③ 疫病时期外出后，马上喝一杯防病的芫香行人饮

出门在外，特别是在长途旅行时，人们容易感"风""寒""湿"三种不正之气，造成抵抗力下降，此时病毒最易乘虚而入。

所以，我建议在到达目的地后，用香菜加上陈皮做代茶饮来喝。这个代茶饮不用每日都喝，外出后喝一两次就可以了。

芫香行人饮

原料：香菜（芫荽）3～5棵，新鲜红橘皮或川陈皮1个。

做法：1. 香菜用加面粉的清水泡10分钟，洗净，连根一起切碎；红橘皮或川陈皮切成丝。

2. 把香菜末和橘皮丝（陈皮丝）一起放入杯中，冲入沸水，闷5分钟后饮用。

功效：激发脾胃的消化功能，防治水土不服。

允斌叮嘱：香菜一定要连根（香菜根是特别好的东西）一起切碎。香菜有什么药用价值呢？它能醒脾，又能帮助我们通心阳。呼吸道疾病例如流感、肺炎等，调理不当容易伤及心脏，留下后遗症。所以在新冠肺炎疫情期，我就曾建议朋友们家里要多备一点香菜。

这个方子全家人都可以喝。我建议在疫情时期外出后，或者是在长途旅行后，都喝一点，它能帮助我们发散身体在室外时感受的湿气，帮助我们抗病毒。如果您吃了一些生冷之物，肚子不舒服，也可以喝它。

如果一个人生病，吃药治疗，则需要通过脾胃消化吸收，还需要食物来补充营养，让身体有能量去对抗疾病。这两者都依赖脾胃的功能。

所以古代医生治病，特别重视保护脾胃。不管什么病，若是脾胃功能差了，就不好办了。

加强版：雨雪天气、受寒后，加3片姜

在传染病流行时节，外出遇到雨雪降温天气，可以在芫香行人饮中加入3片生姜（带皮），也就是香菜陈皮姜水。

注意：

一般情况下生姜不去皮；如果感觉受寒明显，就把生姜去皮。

这道茶饮有发散作用，喝过之后，不要马上出门吹风受寒，否则外邪容易侵入人体。

我给这个茶方取名叫"芫香正气水"，因为它相当于温和的藿香正气水，可以调理外感风寒、内伤饮食引起的感冒低烧或肠胃不适（例如恶心、呕吐、腹泻），老年人、孩子、孕妇都可以喝。

☆ 案例：读者经验

我前几天出门感觉有凉风，回来觉得不舒服，也不想动，头顶痛，眼也不想睁，马上喝了一杯芫香行人饮，一个小时后感觉眼睛舒服了，晚上又喝了一次，第二天早上起来满血复活了，感谢老师！

——西贝

（2020年）2月6日我在沙发上睡的，没睡好，第二天中午刚洗完澡，只穿了薄薄的一层衣服，头发没吹干便立刻在电脑前忘我地工作了很久。忙完工作后，觉得自己冻着了，盖好被子，过了很久还是浑身冰冷。估计

刚洗完澡工作时受了贼风了。在这（新冠肺炎疫情期）节骨眼儿上千万不能出现任何问题，我立即查看《吃法决定活法》《回家吃饭的智慧》和《茶包小偏方，喝出大健康》。按照书里讲的，搜罗家里的香菜5棵、去皮生姜三片制成芫香散寒饮，一下喝了3碗，香菜全吃了。第二天去单位值班，坚持喝鱼腥草茶，下班回家后整个人精神焕发。陈老师书上介绍的所有东西都是适合我们平民百姓的，也感谢大自然创造的保养我们生命的宝贝。

——1群沐浴阳光

◎ **读者精彩评论：**

在家常便饭中找到灵丹妙药

我女儿在武汉读书，她是（2020年）1月12日回来的。为了抗病毒，我们全家每日上午都喝香菜陈皮姜水、橘香梅子汤，吃活捉芫荽（生拌香菜），家里点艾条熏，喷酵素，我和女儿每日晚上还用艾草、生姜、花椒水泡脚，祛湿。跟着陈老师顺时生活一年了，家里会常备抗病毒的药食两用的食材，比如鱼腥草、大葱、小葱、大蒜、芫荽、花椒、胡椒等，在非常时期派上用场了。每日这样顺时而食，一直平安无事。

——英子（湖南）

4 预防感染的清肺排毒茶

清肺排毒茶

原料：鱼腥草15 ～ 30 克（鱼腥草在没有传染病流行或没有雾霾时，用量为 15 克；有传染病流行或有雾霾时，用量为 30 克），喜饮茶者加入乌龙茶 6 克。

做法：沸水冲泡代茶饮。

☆ **各原料的功效：**

乌龙茶：喜欢饮茶的人可以给这道茶配上乌龙茶。血脂高的人也可以配。乌龙茶在茶叶中降脂的效果比较明显，香气也很突出，还有一定的疏肝理气效果。

鱼腥草：这道茶消炎的作用，主要是靠一味很重要的材料——鱼腥草。鱼腥草是天然又安全的抗生素，能够清热、消炎、抗病毒。

鱼腥草的药性可以通达人体的上、中、下三焦。上至咽炎、肺炎，下至尿道炎、阴道炎、肾炎，外至皮肤上的炎症和疱疹，都可以通治。

流感、雾霾等引发的急性肺炎，用鱼腥草来消炎，效果是很好的。

在有传染病流行的时节，可以多喝鱼腥草茶来预防感染。

注意：

1.这道茶的关键是鱼腥草。喜欢喝茶的人可以配乌龙茶，不喝茶的可以不配。

2. 女性经期不饮。

3. 脾胃特别虚寒的人，可以加一两片带皮生姜同泡。

◎ **读者精彩评论：**

喝了鱼腥草茶，痘痘也不起了

每次喝完剩下的鱼腥草茶，都舍不得倒掉，我会用它来洗脸。我是敏感皮肤，现在皮肤虽然不是很白净，但很光滑、紧致，也不起痘痘了！

——倩儿

今年有新冠肺炎疫情，还好年前买了一大包鱼腥草，这几天喉咙有点痛，喝了鱼腥草水好了很多，真的很感谢老师。

——Cherry

家庭应急药食篇

天地有斯瘴疠，
还以天地所生之物以防备之

第十二章
为防不时之需，
平时家里应备好哪些食材？

"天地有斯瘴疠，还以天地所生之物以防备之。"

在疫情暴发的特殊时期，很多中药都涨价了，可能也不容易买到。所以我建议大家平时家里多备一点药食同源的中药，以备不时之需。

1 黄芪：提升正气属第一

身体抵抗力差，就很容易被病毒感染。所以对于体质弱的人来说，历来防病都讲究要用黄芪。

论提升正气，黄芪当属第一。人参虽然补气力道强过黄芪，但黄芪专门补脾气和肺气，而且它还能固表，也就是增强人体抵御外来病毒的能力。

黄芪的主要功效

① 虚胖的人常服可以减肥；

② 增强抵抗力，预防感冒；

③ 扩张血管，预防卒中和高血压；

④ 利尿消肿，能调理肾炎、水肿；

⑤ 皮肤上如果有经久不愈的疮或溃疡，吃黄芪能促使脓毒排出，促进伤口愈合。

人体的心、肝、脾、肺、肾，黄芪都能补到。所以无论是防病、治病（特别是慢性病，如"三高"——高血压、高血脂、高血糖，慢性肾炎、肿瘤等），以及手术后、病后的恢复调养，都可以用到黄芪。

黄芪的食疗方

☆ 黄芪粥、补心养阳汤、补气瘦身茶

黄芪不要等到有病时或者要防疫病时才当药吃，它很适合食疗，平时可以把它做成滋补药膳，全家人都可以吃，孕妇也能吃。

比如我写在《回家吃饭的智慧》里的黄芪粥、《吃法决定活法》里的补心养阳汤、《茶包小偏方，喝出大健康》里的补气瘦身茶，都用了黄芪。

我家平时炖鸡汤，也会放点黄芪。这样隔三岔五地吃，可以细水长流地补。

☆ 提升正气的黄芪陈皮粥

黄芪陈皮粥

原料（三日量）： 黄芪 150 克，川陈皮 3 个，大米适量。

做法： 1. 将黄芪冷水下锅煮 40 分钟，滤出药汁，再次加水煮，一共煮 3 次。

2. 将 3 次的药汁滤出来，放冰箱保存。

3. 每次取 1/3，加 1 个川陈皮和大米煮成粥。

允斌叮嘱：

1. 感冒发热时去掉黄芪，或遵医嘱。

2. 气血不足，容易疲劳、气色差的人，可以再加党参 50 克。

古人也爱喝黄芪粥补身。白居易、苏东坡都在诗里写过，久病身体虚了，就喝黄芪粥补补。

每年定期吃黄芪的好处

苏东坡写"黄耆煮粥荐春盘"。这是指他久病虚了，春天还在喝黄芪。

健康的人，每年夏季、冬季定期吃黄芪就可以了。身体长期气虚的人，则可以四季服用。

每年夏季的三伏、冬季的冬至，是两个吃黄芪的关键时节。如果能坚持每年这样有规律地吃黄芪，对于提升我们身体的抵抗力、防虚胖、养护心脏都有莫大的好处。

哪些人可以吃黄芪？

黄芪是药食同源的，全家人都可以吃，孕妇也可以吃。

幼儿正气足，不用喝黄芪。稍微大一点的孩子，如果平时很劳累，可以喝。我的儿子上高中以后，学业繁重，休息不足，我给他煮的代茶饮中，就经常会加点黄芪，给他补补气。

黄芪是预防感冒的，但是已经感冒了，就不宜吃黄芪，否则不利于发散病邪。

怎样挑选好的黄芪？

有些朋友读了我的书，觉得自身体质很适合吃黄芪，可是买来黄芪一吃就上火。这不一定是判断不准确，也可能是黄芪的品质问题。

熏硫的黄芪会上火，而且对身体有害。

陈旧的黄芪也不太好。黄芪最好是当年新晒的。新晒的黄芪含汁液更多，相对不容易上火。煮水来喝，也更清甜。

☆ **如何挑选到道地的黄芪呢？**

辨真伪

黄芪有伪品，用锦葵根等冒充。要注意鉴别。

尝味道

黄芪是可以生嚼吃的。取一片放嘴里尝尝，好黄芪味道甘甜。如果有酸味、怪味，就是熏过硫黄的。

看外形

黄芪并不是越大越好。有一种特别宽的黄芪片，薄薄的，看起来很大片，外形好看，价格也贵，其实是普通黄芪用机器压扁拼接而成的。黄芪和党参一样，不一定越粗越好；有细小须根的黄芪的甲苷含量比粗根的更高。

也可以选整根的黄芪，整根的比较容易分辨品质。选长一点的，一般

40 厘米以上是好货。别嫌弃它太长不好切，道地黄芪生长在黄土高原，它的根需要深深地扎入干旱贫瘠的黄土地中去吸收营养，越长说明越是好货。

看新旧

黄芪晒干后再加上熏硫，可以保存多年，所以要注意分辨是不是一年以内的新货。新黄芪有明显的豆香味，陈货的味道就淡了。

怎样吃黄芪不易上火？

血虚的人，喝黄芪可能会虚不受补，产生虚火的症状。可以将黄芪与甘草陈皮梅子汤（见本书第 155 页）一起煮，这样就不太容易上火了。

这样煮出来的黄芪梅子汤，还能避免喝黄芪后腹胀，并且可以增强黄芪瘦身的效果，以及梅子汤降脂的效果。

◎ **读者精彩评论：**

喝了黄芪，整年都没感冒

看到预防的方子都有黄芪，我想起了 2011 年底的时候尝试用黄芪减肥，断断续续喝了一段时间，肥胖没减下去，倒是身体抵抗力变强了。2012 年整年都没感冒（我是个体质差、很爱感冒的人），所以黄芪增强抵抗力是很有用的。

——纳英

已备防流感病毒香包、兰汤沐浴、消炎茶、罗汉果、鱼腥草、牛蒡、甘草、黄芪……感恩您推广普及食药养生。

——小凤

党参：气血双补"小人参"

党参、黄芪、当归，是著名的"陇药三宝"。大自然的安排总是很神奇，这三味药食同源的补药，产在同一片土地上，恰好也特别适合搭配在一起食用。

每年立冬是采挖党参的时节。好的党参种植在海拔 2 400 米以上的黄土高坡上，只有身临其境才能感受那种寒风的凛冽。此时的参田一片萧瑟，党参的地上茎叶已经枯萎殆尽，全部营养回流根部，准备冬藏，正是党参药性最好的时节。

挖出来的党参，洗干净当场就可以生吃，味道是清甜的。参农看到我这样吃，感到非常新奇。他们种了一辈子党参，但并不熟知其药性。

其实新鲜的党参汁液多，这是宝贵的党参糖汁，滋补效果是极好的。

我也喜欢取几根新鲜的党参，用清水煮十来分钟，无须调味，吃起来就很甘甜。

将鲜品晾晒干后，就是我们常见的党参药材，平时煮粥、煲汤、煮茶都可以放，是日常补气血的好食材。

党参的主要功效：常用来治疗贫血

党参基本具备人参的功效，虽然比人参力量要弱，但胜在药性平和，被称为"小人参"，经常作为人参的代用品使用。

党参的主要功效：益气，养血，健脾，补肺，生津，调理肺虚咳喘，调节血压，提振精神，增强记忆力。

现代的科学实验发现，党参能通过激发脾脏的活力，增加血色素和红细胞，所以常用来治疗各种贫血。

党参的药效明显，却中正平和。它补气而不上火，补水而不生湿，养血而不滋腻，健脾而不燥，润肺而不凉。人人都可以吃。体虚的小孩也可以吃。

《本草正义》的点评极妙，说党参："较诸辽参之力量厚重，而少偏于阴柔，高丽参之气味雄壮，而微嫌于刚烈者，尤为得中和之正，宜乎五脏交受其养，而无往不宜也……"

意思是说东北人参（辽参）和高丽参功效强大，但一个偏柔一个偏刚，党参则中正平和，人体的五脏都可以得到它的滋养，适用范围广泛。

注意：党参与人参的作用基本相同，大病、急病用人参，一般性的虚证、平时保健可以用党参代替。吃上一根，当天就能提振精神。但它的力量比较薄弱，不能持久，长期服用才能起到全面改善身体机能的作用。

哪些人适合常吃党参？

① 患有心脑血管疾病、高血脂的人；

② 血压高或血压低（党参可以双向调节）的人；

③ 妇科虚证的人；

④ 脾胃虚、食欲不佳的人；

⑤ 四肢无力、容易疲劳的人；

⑥ 气短、气虚的人；

⑦ 面色发黄的人；

⑧ 贫血的人。

如果说银耳是滋阴药中之平和者，党参就是以"参"字命名的药材中之平和者。

阴阳两虚的人，吃补阴药怕寒凉，吃补气药、补阳药怕上火的人，吃银耳和党参就很合适。如果阴虚现象明显，可以长年吃银耳。如果气血两亏现象明显，可以长期服用党参。

哪些情况不宜吃党参？

发热时、急性病期间不吃或遵医嘱。

党参补气与黄芪补气的区别

☆ 黄芪固表，党参不固表

党参和黄芪都有补气的作用，而且效果都很迅速。它们的区别在哪里呢？

黄芪有把气往上提升的作用，又能固表（增强人体抵抗外邪的能力）。

党参没有固表的作用，但能充实人体内部的精气。

☆ 黄芪利水，党参生津

黄芪可以消水肿，配合茯苓可祛湿。党参不祛湿，也不生湿，而是益气生津。

☆ 黄芪补气养阳，党参补气养阴

气阴两亏的人宜多吃党参，气虚阳虚的人宜多吃黄芪。

如果气血两亏、身体虚弱，用党参配黄芪一起吃，效果会更好。

气血虚的人，如果吃黄芪上火，可以搭配党参。

党参的搭配

党参中正平和，很适合跟各种补药搭配，配黄芪、当归、桂圆、莲子等，都各有其作用。有湿气的人，还可以在这几种方子中加入同样百搭的陈皮。

☆ 党参配黄芪

黄芪、党参搭配，可以补益中气，提高免疫力，适合中气不足、虚咳、气喘、易疲劳、抵抗力差的人。

如果再加上灵芝，抗病效果更好。

党参配黄芪的比例：湿气重、爱感冒的人，黄芪的比例可以多一些；口干舌燥、爱上火的人，党参的比例可以多一些。

☆ 党参配莲子

调理脾胃，适合有胃病、消化能力差、大便不成形的人。

☆ 党参配当归

活血生血，补肝血，适合血瘀体质及患有心脑血管疾病、月经不调、头晕、失眠梦多的人。

☆ 党参配桂圆

气血双补，补心血，适合心血不足、睡眠浅的人。

☆ 党参配陈皮

气郁、胸闷、湿气重或者平时有痰、咳嗽的人。

上面四种食方中，都可以再加一点陈皮，效果更好。

怎样挑选党参？

☆ "含硫""无硫"与"纯无硫"

熏硫是市场上中药材的一个普遍现象，一是防虫，二是保重，在没有干透时就熏硫，使药材更重，赚取更多利润。还有黑心商贩把发霉变黑的药材熏硫，使颜色鲜亮，冒充好货。

买中药时要注意，药商所标注的"无硫"药材不一定是真的没有熏硫。

我在药材市场实地考察时发现，药商习惯把药材分为"含硫""无硫"和"纯无硫"。所谓的"无硫"并不是没有熏过硫，而是没有过度熏硫。

我请药商现场演示熏硫过程，仅仅用了一小块硫黄，点燃后熏了几分钟，在场的所有人都呛得不停咳嗽，双眼刺痛。

而真正给党参熏硫时，需要用一桶硫黄，点燃后 24 小时不间断地熏 7 天；如果党参没有干透就熏硫，就需要熏 10 天 10 夜，直到硫黄完全渗透进入党参内部。

所以熏过硫的药材，硫并不只是残留在表面，洗是洗不掉的。

☆ "湿货"（每年霜降到立冬采挖）、"干货" "陈货"

党参每年霜降到立冬采挖，然后用铁丝串成把子晾晒，此时称为"湿货"，也就是党参的鲜品。等晾晒烘烤干透后，就是"干货"。干党参可以保留到第二年的 2 月，之后就容易变质生虫，所以需要熏硫。熏硫后可以保存几年不变色，所以市面上的陈货几乎都是熏过硫的。

☆ 产地、品种、重金属、农药残留

公路边的参田容易被汽车尾气污染，含铅量超标。过度施用化肥的参田，砷、镉容易超标。

不同产地、不同品种的党参，品质也不一样，党参炔苷的含量差别较大。

党参炔苷的药理作用：抗癌，抗菌，抗炎，调节前列腺功能，修复酒精对胃黏膜的损伤。

新鲜党参的吃法

我们平时看到的党参都是烘晒干的药材，很多还是熏硫的。其实新鲜的党参更有营养，含有宝贵的党参糖汁。

吃鲜品不容易补过头，鲜品可以当作食材来用，一个人一天吃 1 ～ 3 两（50 ～ 150 克）都可以。

☆ 生吃

采挖不久的党参，洗干净就可以生吃，汁液丰富，滋阴养血的作用很好，而且提振精力。吃上一根，一天都会很有精神。吃上两三根，人就不容易饿。

☆ 煮水

晒到五成干的鲜党参，用来熬粥、煮水、煲汤都很甘甜鲜香。

☆ 蒸服

把鲜党参加上蜂蜜，上锅蒸熟，补肺润肺的作用更好。

◎ 读者精彩评论：

提醒妈妈，黄芪和党参搭配起来功效更强

这两年冬天都会给妈妈备好黄芪、党参和玫瑰花，叮嘱她坚持泡水喝。疫情暴发的第一时间，我翻看了老师的文章，提醒妈妈，黄芪和党参搭配起来功效更强。

——倩倩

每年冬天，我都会买新鲜的党参让妈妈泡水喝，武汉疫情初起，我又叮嘱了妈妈，一定要坚持喝。疫情变严重后，改为党参、黄芪配伍，妈妈说每日早上起床就会给全家人泡上。家乡的特产是青皮萝卜，所以给小侄女的食方建议很简单，每日的肉食都加萝卜一起炖，还要生吃一块萝卜。疫情期间，妈妈家被从武汉返回的人包围了，至今平安。感谢小食方的大力量。

——27 群读者

③ 山茱萸：专补人体之"漏"

如果你家里有六味地黄丸，请拿出来看看药盒上印的成分表，一共六味药，第一味是熟地黄，第二味就是山茱萸（山萸肉）。

地黄丸原方出自医圣张仲景，他是河南南阳人。南阳的西峡是山茱萸的原产地，所以仲景先师当年所用的山茱萸，药效想必是极好的。

山茱萸是一味滋补肝肾的好药。

读过《吃法决定活法》的老读者们都知道，重阳节一过，接下来的秋冬四个月，可以给家里的老人喝山茱萸做的补汤。

精气不固，体现在一个"漏"字

茱萸分三种，我们常用的有吴茱萸和山茱萸。

吴茱萸，重阳节做成香包佩戴，用它贴敷脚心可以引火下行，防治口腔溃疡反复发作、降血压，还可以止小儿咳嗽。

山茱萸则是补药。它里面有籽，入药时去掉籽，就叫山萸肉，《中国药典》里的中药名还是叫山茱萸。

凡是肾虚的人，无论阳虚、阴虚，都用得上山茱萸。

它可以平补阴阳，专补精气不固。

精气不固，体现在一个"漏"字，比如小儿遗尿，头晕目眩、耳鸣耳聋，腰腿发酸、发软，老人起夜，总出虚汗、清晨腹泻，女性崩漏、男性遗精，大病虚脱，这都是"漏"，是精气不固的表现，就需要用山茱萸来补身体的漏洞，不让病毒乘虚而入。

☆ **案例：读者经验**

　　跟着您的指导吃饭，冬至汤喝了效果好，特别是加上山茱萸后，晚上不起夜了。

——宸晓

山茱萸，补身体之"漏"，更防病毒乘虚而入

　　国家卫健委发布的新冠肺炎诊疗方案中对于治疗危重病症，也说到了山茱萸这味中药。

　　其实不用等到有病时才服用山茱萸，我们平时就可以吃。

　　山茱萸是专门补我们身体之"漏"的，当我们肾气虚弱的时候，身体就会"漏"。吃点山茱萸，可以帮助身体补"漏"，使肾气坚固，没有"漏洞"，病毒也就不容易乘虚而入。

　　山茱萸怎么吃呢？

　　一般是泡水、煮水来喝，或者炖汤，也可以嚼着吃。

　　我家炖各种肉汤时，会放一点山茱萸，全家人一起喝。（要注意的是，如果是素汤，不要放山茱萸，因为山茱萸有一点酸。放在肉汤里，味道更好）

　　其实山茱萸跟枸杞子一样，也是一种果子，是可以直接吃的。

　　母亲和我就是每日直接嚼服十几粒。儿子也跟着学，抓一把当干果来吃。山茱萸有点酸，不算好吃，但他知道对身体好，就吃得津津有味。

山茱萸的用法：茱萸茶、茱萸梅子汤、山茱萸强筋壮骨汤

茱萸茶

　　做法： 泡水喝，每次 5～15 克。

　　允斌叮嘱： 如果要加强效果，肥胖者可以用山茱萸与乌梅同煮，瘦弱者可以用山茱萸炖汤。

茱萸梅子汤

做法： 将山茱萸与甘草陈皮梅子汤一起煮，代茶饮用。

功效： 养肝血，降血脂，益肝肾，固精气。

山茱萸强筋壮骨汤

原料： 山茱萸、熟地黄、淮山药、茯苓各30克，牛骨髓250～500克。

做法： 将4味药材用冷水泡半小时，然后用纱布包包起，放入锅中，加水煮开，放入牛骨髓，一起煲1小时。

功效： 益精血，壮骨髓，补肝肾，强筋壮骨。老年人喝这个汤，腰腿就有力，不容易酸软、疼痛。

允斌叮嘱：

1. 山茱萸是补虚的，老年人、儿童、面黄肌瘦或遗尿者可以多喝。

2. 痰多咳嗽时停喝。

如何鉴别真假山茱萸？

我看到2018年的一次全国性调查报告，全国掺假最多的6种中药材，其中就有山茱萸。

各种五花八门的伪品都有，例如——

川楝子果皮染色加工冒充；

扁豆皮染色加工冒充；

用近似品种冒充；

还有大量的劣质品……

由于山茱萸主要用于制作中成药，药厂浸提过药液剩下的药渣果皮，大量地流入药市。有的还加糖染色，以便看起来更像正品。

药市上，有一类标着山茱萸名称的货色被行内人称为"糖皮"，懂的人是不买的。

☆ **看**

真山茱萸，果皮往往破裂皱缩。

假货的卖相一般更漂亮，表皮更油，质光滑。

☆ **尝**

真山茱萸，味道酸涩微苦。

假山茱萸，有的不酸，有的极酸，有的发苦，有的发甜。

凡是肾虚的人，都可以用山茱萸

凡是肾虚的人，无论阴虚、阳虚，都可以用山茱萸。

它可以平补阴阳，专治精气不固造成的"漏"。

当人体的精气往外漏时，肾会衰老，人会提前进入老龄期。

所以我们需要及时使用山茱萸来补"漏"。

◎ **读者精彩评论：**

山茱萸是我的最爱

感谢老师，鱼腥草、茯苓养生粥、山茱萸是我的最爱。跟着老师的养生步伐，以前每年奇痒难挨的湿疹今年消失了！

——桂花飘香 cium

前几天我 86 岁的爷爷不小心把髋骨摔断了。老师的山茱萸强筋壮骨汤正好用上了。

——大耳朵图图

4 鱼腥草：天然消炎药

关于鱼腥草，从 2008 年开始，我写了很多（以前写的详细内容参见《回家吃饭的智慧》，在此不重复）。那时鱼腥草还不为人们所熟知。经过多年的努力，越来越多的朋友了解到它的可贵之处，从中受益。

相信总有一天，这一味中国人吃了几千年的药食，能够重拾昔日的荣光。

植物抗生素：清热，消炎，抗病毒

鱼腥草是天然又安全的抗生素，能够清热、消炎、抗病毒。

它的药性可以通达人体的上、中、下三焦。也就是说，在人体的上、中、下各个部分，不管是哪里有炎症，都可以用鱼腥草来消炎。上至咽炎、肺炎，下至尿道炎、阴道炎、肾炎，外至皮肤上的炎症和疱疹，都可以通治。

对于各种细菌、病毒引起的感染，如风热感冒、流感、泌尿系统感染、生殖系统感染等，鱼腥草是它们的克星。

鱼腥草消炎、抗感染的作用到底有多神奇呢？以前我给大家举过我家以前用来治疗肺炎高烧、黄疸型肝炎、高龄老人低烧等案例，再继续举几个小例子吧。

☆ 鱼腥草调治感染引起的高烧不退

2015 年，我家的家政阿姨去照顾她女儿生孩子，她找一位姓李的老乡来临时顶替。过了两周，这位新来的李大姐接到电话——她的侄儿在老家做疝气手术被感染了，高烧不退，转到北京来救治，输液 5 天没退热，说是比较危险了。她急忙准备赶去医院。

我在家里取了 4 斤（2 000 克）新鲜的鱼腥草，用榨汁机榨出汁，用一个小瓶子装起来，让她带去医院给侄儿喝。

李大姐半信半疑："这个东西能喝吗？"（她不知道我的职业）

我说："这个汁我每日在喝，你是看到了的，说明它能喝。你先给你侄儿喝点试试。"

第二天，李大姐突然提前回来了。一进门，她就急忙问我："昨天您给我的那瓶汁，今天还能再榨一瓶吗？"

原来，她侄儿喝了鱼腥草汁，烧退了。家人喜出望外，她立刻赶回来再要一瓶。

过了两天，那孩子就治愈出院回老家了。

☆ 鱼腥草调治病毒引起的高烧

2016年，亲友小杨调任陕西，刚去就突发高烧，嗓子难受。

小杨派司机去买鱼腥草，但西北人不了解此物，买不到，只得给我打电话。

事有不巧，我当时正在电视台录节目，大半天没能接电话。

此时小杨已烧得头昏昏的了，公司员工吓坏了——前任总经理是罹患脑膜炎发高烧，造成脑损伤，总公司才紧急调他过来接任的。大家担心是总经理办公室残留病毒，导致新任老总感染，于是将他紧急送往医院。

医生开了抗生素，小杨一看是三级抗生素（用于重症感染），没有同意使用，只同意在医院留观。

下午我录完节目，一看有十几个未接来电，都是小杨的。回电问明情况，注意到他嗓音嘶哑，说话都难受，我马上找陕西的朋友帮忙。朋友们平时听我的建议，常吃鱼腥草。一位朋友刚好买了几斤，马上安排家里阿姨榨了汁，送到医院。

小杨看到后惊叹："好大一瓶啊！喝不完怎么办？"

原来，朋友家阿姨不懂，是加了清水来榨的，4斤（2 000克）鱼腥草榨出来有1升汁，用一个硕大的瓶子装着。

我只得让他尽量地喝，能喝多少是多少。

刚好我第二天要飞去陕西讲课，于是跟他约定，到后马上去医院看他。

第二天，我坐早上头班班机，天不亮就出发，飞机 8 点 30 分落地后联系小杨，问他医院在何处。他答："不用来医院了！"

电话里，他的声音洪亮，与昨天判若两人。

他说："那个鱼腥草汁，我好不容易分几次喝下去，睡一觉就退热了。现在我一点儿都没事啦，已经来上班啦！昨天开的 3 000 多块钱抗生素，我已经扔进垃圾桶了！"

这里真的要感谢那位朋友，感谢她相信我的食疗方子，坚持给她的儿子吃鱼腥草治痘痘（孩子以前痘痘严重到要去医院排脓，后来吃鱼腥草好了），又在关键时刻雪中送炭，提供了宝贵的鱼腥草。

雾霾、抽烟、吸二手烟，每日喝鱼腥草清肺排毒

请提醒吸烟的家人：吸烟不仅伤肺、伤心，也伤大脑。

常年吸烟使脑组织呈现不同程度的萎缩，易患阿尔茨海默病（老年痴呆症）。

一次与老同学见面，他告诉我一位中学老师的近况：已经患上了老年痴呆症。

他感叹人生易老。我对他直言："如果你继续像现在这样抽烟、喝酒、熬夜，将来也会很危险。"

人们总以为吸烟主要是伤肺，其实其对大脑的损伤也很大，不仅增加患老年痴呆症的风险，也使人更容易得心脑血管病。

在《哪些人容易发生血管问题？》这篇文章里，我给大家做过一个测试：

把您目前每日吸烟的支数，乘以您的年龄，如果结果大于 400 支，那么就可能得心脑血管疾病。

也就是说，40 岁的人每日只要抽 10 支烟，就要特别注意预防心脏病或者脑卒中。

如果你明知吸烟的危害但就是戒不了烟，那么你至少可以为自己的健康做一件事：多喝鱼腥草茶。

鱼腥草是特别适合烟民的食物，它能清肺热，解烟毒。

每日用鱼腥草干品泡水喝，能减轻抽烟对身体的损害，预防慢性咽炎、气管炎甚至肺癌。

不要嫌麻烦，这个小小的习惯会为你将来的健康带来莫大的好处。

鱼腥草还有帮助戒烟的作用。想戒烟的人，每日喝浓浓的鱼腥草茶，就不那么想抽烟了。

十多年前审阅《回家吃饭的智慧》书稿的总编，是第一批读到我写的这个方子的人之一。他试用之后对我说："由于长期抽烟，我一直觉得喉咙不舒服，总想咳，喝了鱼腥草茶之后，喉咙就清爽了，很舒服。"

这里我要提醒一下：鱼腥草只能帮助减轻烟毒，并不是喝了鱼腥草就可以放心地抽烟了。抽烟的危害不是任何方子可以完全消除的。

鱼腥草，调理上呼吸道感染，退热止咳

鱼腥草对于人体上、中、下的感染都有效。各种上呼吸道感染，都能用上鱼腥草。

例如风热感冒和流感就属于上呼吸道感染，典型症状是发热和嗓子疼，甚至引起肺炎和水肿，有的人还会持续咳嗽两三个星期。这种时候就可以用鱼腥草。

☆ **案例：读者经验**

> 之前一直咳嗽，我很是担心，买了鱼腥草和陈皮煮水，喝了一个晚上，今天没有咳了，也没有痰了。中医真的很厉害！
>
> ——羊萌

鱼腥草，抗辐射，抗过敏

抗辐射：2011 年我在电视节目里讲，鱼腥草是唯一经过实践验证可以抗核辐射的食物。一位研究鱼腥草抗辐射课题的专家看了这期节目，特意打电话给节目组，请导演转告我：他们的实验室研究也证实了这一点。

抗过敏：如果皮肤急性湿疹，或者晒太阳后引起过敏红疹，用新鲜鱼腥草榨汁来喝效果很好。

鱼腥草有致癌成分吗？

网上经常流传一种说法，说鱼腥草有致癌成分，会吃出肾病。对此，我在很多平台讲过很多次，鱼腥草是很安全的。

国家食品药品监督管理总局也曾专门在官网上进行过辟谣。2018 年国家卫健委发布的《流行性感冒诊疗方案》，药方中也有鱼腥草。2020 年国家卫健委组织编写的新冠肺炎中医诊疗手册，药方中也有鱼腥草，用鱼腥草增强药方的清肺之力，并特意指出"复加鱼腥草清肺利湿解毒，治肺热咳嗽，现代药理研究亦证明本品有抗病毒及增强免疫作用"。

我想让大家思考一个问题：我们中国人把鱼腥草当作蔬菜吃了几千年，历史上，越王勾践曾吃鱼腥草治好了口臭，留下千古佳话。那么为什么突然之间，它就变有毒了呢？我认为，现在的科学有时会出现偏差，或者是有一些误区，经过反复验证，会再纠正错误。

我们要看时间。中华文明中这些经典传统的、年代久远的东西，真的是经过一代又一代人亲身验证的，我更愿意相信中国人实践出来的经验，而不是现代刚刚出现的一些理论。

对于我们中国的传统文化、传统中医药，大家要有自信，既然它能够传承几千年，一定是有道理的。

所以，对于鱼腥草，我相信喜欢吃的人都可以分享它的好处。如果我们还愿意相信天然食物的话，就可以信任它。

◎ **读者精彩评论：**

隔三岔五地喝，全家没有一个感冒的

早早地，在（2019 年）12 月初我就按照老师的方子做好了防流感香包，这次病毒也一并预防了！我还买了很多鱼腥草，每日煮水给家人喝，以预防病毒，还有去年春天郊游时采的荠菜也煮水喝。

——雪

今年冬天，我家隔三岔五地喝罗汉果水、鱼腥草水，一家三口没有一个感冒的。

——春风

去年夏天我坚持喝了 4 斤（2 000 克）鱼腥草水，大概 3 个月。原来尾巴骨上有个黄豆大小的疙瘩，居然没有了，神奇啊！不仅如此，妇科炎症也没有了。今年又买了 1 斤（500 克），本来打算年后再喝，谁知道新冠病毒来了，就派上用场了。敬畏大自然！

——太阳

5 桑叶：常服桑叶，返老还少，促孕安胎

桑叶，不仅用于风热感冒

桑叶，大家都知道它可以防治风热感冒。其实它不仅是药，也是营养品。

桑叶可以疏散风热、清肺润燥，对于风热引起的感冒、肺热燥咳、头晕头痛都有效果。

预防、治疗风热感冒都可以用桑叶，平时则可以吃它来补身体。

"人参热补，桑叶清补"

古人把经霜后的桑叶称为"神仙叶"，认为"人参热补，桑叶清补"。

为什么是清补呢？因为桑叶是一边补身体，一边清肝火。

古人对它的补益作用推崇备至：

桑叶之功，最善补骨中之髓、添肾中之精、止身中之汗，填脑明目，活血生津，种子安胎，调和血脉，通利关节，除风湿寒痹，消水肿脚浮。

老男人可以扶衰却老，老妇人可以还少生儿。老人男女之不能生子者，制桑叶为方，使老男年过八八之数、老女年过七七之数者，服之尚可得子，始知桑叶之妙，为诸补真阴者之所不及。

——陈士铎《本草新编》

桑叶的功效：延缓衰老，保持生殖系统的活力……

中国的蚕桑文化历史悠久，几千年来古人对桑叶的药效了解得太透彻了。陈远公（陈士铎）这段话仅仅讲了桑叶的一部分代表性功效，其他功效还有：

补骨髓；添肾精；滋阴、止阴虚盗汗；益智补脑；明目；活血；生津止渴；促孕；安胎；调和血脉；通利关节；祛风除湿；防治关节炎；防治痛风；延缓衰老；保持生殖系统的活力。

陈远公特别提到一个秘方。

中老年高龄不孕不育的人，可以用桑叶制成补方，经常服用，男性年过 64 岁，女性年过 49 岁，还有机会生子。这其实就是延缓更年期，达到现代人追求的"逆生长"状态。

桑叶配桑葚一起服用，滋阴、养血、抗衰老的功效发挥得更好。

如何自制桑园二宝方？

桑园二宝方

原料：桑叶茶，黑桑葚干 1 把。

做法：1. 先用沸水冲泡桑叶茶，饮用 1～2 泡。

2. 抓一大把黑桑葚干放进去，等黑桑葚干充分吸收茶水膨大后，连果带叶一起吃掉。

桑叶茶与其他茶叶有什么不同？

如果你经常泡桑叶茶，就会发现，它跟其他茶叶有三点不同：

① 口感是滑的，没有茶叶的涩味。这是因为桑叶营养丰富，富含蛋白质。

② 不能隔夜。其他的代茶饮一般放一晚也没事，而桑叶茶隔夜后会馊。这也是因为它含蛋白质较多，所以更容易变质。

③ 普通茶叶喝多了失眠，桑叶茶喝了助眠。

桑叶确实不是一般的树叶，所以蚕光吃桑叶都能长得飞快，还能吐出富含蛋白质的丝。

桑叶含 17 种氨基酸，它还富含一种 GABA 神经营养因子，可以提升睡眠时长，促进脑细胞生长。

入药的桑叶，用来泡水会有点凉，适合治病。

桑叶茶（用制茶的方式炒制而成的）比较适合平时每日喝，经过了炒制，性质没有那么凉，而且还可以直接嚼着吃，香脆可口。

桑叶可以调理失眠，特别是平时思考问题较多，晚上睡不好的人，或者是春季失眠者，都可以吃点桑叶，一两天就能见效。

☆ **案例：读者经验**

第一次喝桑叶茶，发现还能干吃，太神奇了！我更喜欢干吃，香脆可口，像吃小零食一样，吃完之后，口齿留香。我现在吃得比较油腻，不健康，我把桑叶茶当作日常膳食补充来吃，简单高效。桑叶茶的神奇之处在于对失眠非常有效，晚上吃一点，早早就困了。以前不到午夜 1 点钟睡不着，现在晚上 11 点多就睡了，一觉到天亮。

——尚德

◎ **读者精彩评论：**

没想到桑叶还可以这样吃

干桑叶，吃起来非常的香脆，没想到桑叶还可以这样吃，给身体补充更全面的蛋白质。嚼着很香，感谢允斌老师。

——小董

今天泡了霜桑叶和桑果水喝，还放了一把枸杞子，到了傍晚喝光茶水，再把桑果和枸杞子挑出来吃了，提高自己的免疫力，抗病毒，加油！

——麻春敏

牛蒡：消肿解毒，让人生机勃勃

生吃牛蒡，扁桃体红肿很快消

2012 年，我在湖南卫视录《好好生活》系列节目。同台的一位嘉宾在一天的录制过程中几乎没有开口说话。晚上结束时，她才说，她发热几天了，扁桃腺严重发炎红肿，非常痛，开口说话都困难，吃药也不管用。

我告诉她，去市场买一根新鲜的牛蒡，然后当甘蔗那样生吃下去，能吃多少算多少。

第二天早上见到她，她惊喜地报告："嗓子好了！牛蒡好神奇呀！"

牛蒡消肿解毒的功效的确强大，不仅能消咽喉肿痛、痘痘等，科学家们对于它抗癌、抗肿瘤的作用也十分推崇。

牛蒡，被日本人称为"东洋参"

好在 2012 年的时候买牛蒡比较容易了。就在那之前两年——2010 年，同样是在湖南卫视，我第一次讲牛蒡，台下几百个观众，几乎没有人吃过，更不知道它是抗癌的明星食物。

当时我只能比画着解释：牛蒡是一种蔬菜，长得很像山药，比山药还要细长一些，很长的一根。

以前牛蒡是金贵的，大多出口到日本。日本人爱吃，认为它的保健效果特别好，甚至给它取了个名字，叫作"东洋参"。

其实牛蒡是中国的。传统中医以牛蒡的种子入药，称牛蒡子，用来治疗咽喉肿痛。

在贵州的山里采药时，我见过野生牛蒡，那叶子碧绿硕大，根入地三尺，显示出蓬勃的生机，所以本地人才以"牛"名之。

这种生机勃勃的植物，对我们的生命也有特别的助益。

牛蒡消肿解毒，抗肿瘤……

牛蒡有几个突出的功效：

① 牛蒡含有抑制肿瘤生长的物质，可以防癌。

② 降血脂，降血压，预防胆结石。

③ 扁桃体发炎红肿，把新鲜的牛蒡洗刷干净，榨汁来喝，可以消肿。

④ 牛蒡通便的效果是立竿见影的，适合调理胃热、由实火导致的大便干燥、便秘。

⑤ 清血排毒，防治血毒引起的后背长痘、面部痘痘。

牛蒡是保健作用很强的蔬菜，适合全家人每日食用。牛蒡也可以制成茶，用来泡饮。

增强体力的牛蒡枸杞茶

牛蒡枸杞茶

原料：牛蒡茶 6 克，枸杞子 12 ～ 30 粒。

做法：沸水冲泡饮用，牛蒡和枸杞子可以吃掉。

功效：增强体力，使肌肤保持细腻，促进新陈代谢。

允斌叮嘱：也适合糖尿病患者饮用。

☆ 案例：读者经验

我脸上一直长痘，不分季节地长，就是老师说的与年龄无关的那种痘！平时更是不能吃辣的，不然痘很难消下去！听了老师关于牛蒡祛痘的课程后，我就买了牛蒡茶，第一次喝时放的牛蒡较多，没喝几口就不想喝了。

过了两天我减少牛蒡用量，味道淡淡的，比第一次好喝多了。于是我就坚持喝牛蒡茶，痘痘也不那么顽固了，比以前好多了。立秋以来一直吃银耳、墨鱼汤、乌梅汤，连感冒都很少得了。

——慧

成人痘痘（太阳穴、腮帮跟脖子连接处都长）困扰了我好几年，我喝了不到一个月的牛蒡茶基本上不冒痘了，口气也没了。

——小芳

这几天没空用经络梳梳肚子，就有点大便不通畅了，昨天喝了牛蒡茶不到 2 小时就上厕所了，太舒服了。

——洁洁

如何挑选道地的牛蒡？

☆ 看老嫩

牛蒡老了木质会纤维化，吃起来很硬，质地细嫩的牛蒡才好吃。

买的时候要选择整根笔直的、粗细均匀的。

用手抓住牛蒡的粗头，把它拿起来，如果前面的细头自然下垂，就说明这根牛蒡比较鲜嫩。

☆ 看品种

牛蒡有不同品种，黑色的是普通牛蒡，黄色的品种是黄肌，俗称黄金牛蒡，这种更好、更贵。

如果自己炒制牛蒡茶，可以用黄金牛蒡，喝起来感觉会不一样。

☆ 看加工工艺

如果懒得自己炒制牛蒡茶，买现成的，要注意，牛蒡茶也有工艺的区别。

用过化学护色剂的不要买。

低温发酵的黄金牛蒡茶，比普通的黄金牛蒡茶口感和功效更好一点。

鉴别点：低温发酵的黄金牛蒡茶，用开水冲泡后，口感浓香微甜。

◎ **读者精彩评论：**

让我们及时解决燃眉之急

喝牛蒡茶有一段时日，第一好：大便好解，而且排毒效果非常好；第二好：我敏感的嗓子好了，以前只要有点受寒，第一反应就是嗓子很不舒服，现在基本上没有嗓子难受的现象。而且有一次脖子长了一颗又红又大的痘，很痛，喝了两天牛蒡茶，它就慢慢消了下去。牛蒡茶好像还有减肥的作用，感觉体脂没有那么多了。

——可儿

前天多吃了点橘子酱，第二天嘴上起泡，立即泡了杯牛蒡茶，昨天下班回来后，嘴角的泡就好了。

——菊珍

昨天我嗓子疼，想想可能是北方的暖气使得人太燥热了，就用牛蒡茶、薄荷、冰糖沏水喝。今天早起没有发展得更严重，白天又继续喝，到现在明显感觉不疼了。

——小蜗牛

百合：润肺止咳，安神助眠

百合为什么滋补？

百合是一种金贵的补品。它金贵在哪里呢？好的百合需要 9 年时间才能长成，中间还需要"孟母三迁"。

兰州百合在海拔 2 300 米以上的黄土高原上种植，气候寒冷，长得很慢。

首先，百合在地下生长 3 年，挖出来以后上面附生子芽，将子芽移栽到专门的土地上，再过 3 年长成种球。这时，原来那片地不适宜它生长了，必须再次移栽到新的一片地里，又是 3 年，才真正成熟。

前后长达 9 年时间，换三次地方生长，这样一棵百合，吸足了天地精华，如何不滋补呢？

我详细描述这个过程，是想告诉朋友们，每种我们餐桌上看似平常的食材，都是大自然送给我们的宝贝。

百合的功效

百合主要的作用是补气养阴、润肺止咳、宁心安神。

《本草述》说："百合之功，在益气而兼之利气，在养正而更能祛邪。"

气虚又阴虚，吃补药容易上火的人，可以吃百合来补。

肺热咳嗽，特别是干咳，或者是痰中带血的人，可以吃百合来止咳。风寒咳嗽的人则不适宜。

百合对于睡眠很有帮助，失眠、梦多的人宜常吃。

干百合的吃法

鲜百合是菜，干百合则是补品。

我曾专门拍过一个现场视频给大家看：百合采挖后，大部分都被冻在冷库里保存，需要时就取出来加工成新鲜百合，小部分制成干百合。

那天特别冷，风很大。我在山里跑了一天没吃饭，就把准备带回家的干百合抓了几把吃起来。本地人笑了："这干的咋吃？"其实，我觉得干百合味道甜甜的，挺不错。

百合有生津止渴的作用，所以尽管干嚼、干咽，没有水喝，也不会觉得噎。

百合既是药又是食物，饮食中用量没有严格的限定，根据自己的情况和喜好吃就可以。全家人都可以吃，老年人、儿童和孕妇也都可以吃。

☆ 百合炖银耳

炖银耳的时候放一把百合，可以增强滋阴润肺的作用，对经常口鼻干燥、咽喉痛、便秘的人也有好处。

☆ 百合炖白莲

此品有安神助眠的作用。如果半夜醒来感觉心里烦热，就用带心白莲；如果感觉梦多，加点酸枣仁，效果更好。

☆ 百合炖红枣

女性吃可以养气色。老年人如果迎风流泪，吃这个来调理也不错。

☆ 蜂蜜蒸百合

把蜂蜜跟百合一起拌匀，加一点儿水，上锅蒸熟，可以润肺止咳。

☆ 百合配甘麦大枣汤

还记得我在《吃法决定活法》书中推荐的调理抑郁症和心理疾病的甘麦大枣汤吗？如果抑郁和焦虑并存，坐立不安，加上百合，效果更好。

如何挑选道地的干百合？

☆ 看是否熏硫

用硫黄熏制干百合是普遍采用的老办法，现在也屡见不鲜。熏硫后，百合中的多糖、磷脂、皂苷等活性成分损失大半，还残留大量的硫化物，甚至少量的砷，产生了毒性。

☆ 看是否新鲜

熏硫后可以保存很久，陈年的干百合最好不要买。

☆ 看品种

全世界有 100 多种百合，其中原产于我国的就有 43 种。全中国从北到南、从东到西都有各种百合。其中最有名的是以下 4 种：卷丹百合、龙牙百合、川百合、兰州百合。

☆ 中国的四大百合

① 卷丹百合

卷丹百合比较苦，适合入药。

卷丹百合的花有漂亮的虎皮纹。

② 龙牙百合

龙牙百合比较粉，适合做百合粉。

③ 川百合

川百合比前面两种百合多一点甜味。川百合的花很秀气。

④ 兰州百合

兰州百合是川百合的变种，甜嫩化渣，是最好的食用百合，适合平时吃。

百合一般都带有苦味，唯独兰州百合不苦。

兰州百合中百合多糖的含量最高；龙牙百合其次；卷丹百合的多糖含

量最低，但它含有的抑菌成分更高。所以卷丹百合止咳的效果不错，而兰州百合就比较滋补。

百合多糖的功效

百合多糖是百合的主要活性成分。

百合多糖的功效：

① **降血糖**：对治疗糖尿病有显著效果；

② **抗肿瘤**：抑制肿瘤细胞生长；

③ **免疫调节**：调节免疫功能；

④ **抗氧化**：阻断自由基；

⑤ **抗疲劳**：增强运动耐力。

◎ **读者精彩评论：**

耳鸣缓解了很多

按照老师的配方喝了桂圆壳煮水、莲子百合枸杞汤，耳鸣缓解了很多。太感谢老师了！

——梅

每日晚上用银耳、百合、莲子、小米等在豆浆机里榨成汁，坚持喝，非常好。

——wjn

最近心脏不好受，心口紧，怕路边车的噪声，很痛苦。今早喝了银耳莲子百合羹，心口舒缓好舒服。

——琼文

枸杞子：长期吃增强免疫力，更能延缓衰老

长期吃枸杞子，有十全之妙用

今天先讲一个古书记载的传奇。

汉武帝派人出使到河西，遇到一名女子打一位老人。使者上前责怪。女子说："这是我曾孙，家有良药不肯服用，致使衰老，所以要打他。"使者忙问是哪几种药。女子说："药其实只有一种，但有四个名字。春天叫天精，夏天叫枸杞，秋天叫地骨，冬天叫仙人杖，四季采摘服用，坚持二百日，可使身体苗条，容颜光泽，肤如凝脂。"

这故事中河西女子服用的神奇良药就是枸杞子。

虽然这是一个传说，但是体现了古人对枸杞子功效的推崇。自古以来，中国人都把枸杞子当作延年益寿的灵药。古代医家认为它"能使气可充，血可补，阳可生，阴可长，火可降，风湿可祛，有十全之妙用"。

《中国药典》规定，只有宁杞可以入药

古人言，枸杞子入药"以河西为上"，"河西"主要是指甘肃、宁夏一带，正是如今枸杞的道地产区。

河西的"河"字，指的是黄河。黄河从河西一带蜿蜒流过，滋养了两岸的枸杞田。这一带主要种植的品种是宁杞，其药用价值高。《中国药典》规定，只有宁杞可以入药。

靖远枸杞，养在"深闺"人未识

人们以为宁杞就是宁夏种植的枸杞子，其实宁夏以前是甘肃的一部分。后来宁夏从甘肃分离出来，"河西"这一片枸杞子的道地产区，有的划入了

宁夏，有的留在了甘肃，它们是相邻的。

宁夏产区在黄河下游，甘肃产区在黄河上游，主要是在靖远县，那里要偏远一些。在靖远的枸杞子种植村，往远处眺望只看得到土地，看不到一栋楼、一根烟囱。村里也只有土屋平房，连个小卖部都没有，村民过着原始简朴的生活。

但是枸杞子结果时，那里是非常漂亮的。黄土高原上天很蓝，阳光毫无遮挡地照下来，田野里一串串鲜红的枸杞子让人垂涎欲滴。

杞农说这里空气很干净，摘下鲜果当场就放到嘴里吃了。

枸杞子每年夏天成熟，从夏到秋，能采摘七茬。杞农很辛苦，枸杞子成熟时必须争分夺秒地采摘，不然就会烂在枝头。

由于地方实在是偏远，靖远好的枸杞子不为外人了解。更多的是商贩收购，再拿到宁夏换个名气更大的牌子出售。

其实靖远枸杞子本身也是国家地理标志产品，换个牌子却变成了假冒，岂不可惜！真心希望，有一天靖远枸杞子能走出"深闺"，使当地人能够通过枸杞子摆脱贫困。

枸杞子的五大功效

① 明目：眼睛发花、迎风流泪或是两眼干涩的人可以多吃；

② 调理肝肾亏虚：比如长期头晕、耳鸣、贫血、精亏、腰酸等；

③ 降血脂，降血压，延缓衰老；

④ 有温和的减肥和养颜功效；

⑤ 对儿童的牙齿和骨骼的生长有好处。

枸杞子适合日常保健，每日吃一点，长期吃效果是最好的，能强壮筋骨，增强身体免疫力，还能延缓衰老。

其实枸杞子就是一种浆果，就像葡萄一样，可以当水果吃，也可以当干果吃。以前它太珍贵，人们舍不得这样吃才泡水喝。现在枸杞子产量非常大，我们吃枸杞子，也可以抓一把来吃，这样效果才足够好。

☆ **案例：读者经验**

之前我女儿总是便秘、便难，这段时间忽然大便特别正常，而且如厕很快，原来是最近每日晚上给她泡枸杞子吃的功劳。

——汇利阳光

每晚泡枸杞子，早上空腹吃，感觉眼睛舒服多了，不太容易累，不是很干涩，红血丝也没了，眼睛分泌物少了。

——依风行影

怎样分辨药用枸杞子与食用枸杞子？

☆ **尝味**

食用枸杞子：很甜，枸杞多糖含量少，单糖含量高。

鉴别要点：因为甜度高，容易结块，放久了会黏成一团。

药用枸杞子：后味有点苦，枸杞多糖含量高，单糖含量少。

鉴别要点：不容易结块，个别黏结在一起，也比较容易分开。

☆ **看浮水率**

准备一杯冷水，抓十几粒枸杞子放进去。浮水率越高，品质越好。

枸杞多糖是枸杞子的主要补益成分；甜菜碱为药效成分，含量尤为丰富，所以吃起来药香浓郁，带有一点苦味，这才是道地的药用枸杞子。

◎ **读者精彩评论：**

顺时生活，感觉心里幸福、踏实

我备了些鱼腥草，刚刚煮好了陈皮、牛蒡、肉桂、枸杞子茶，跟着陈老师顺时生活，感觉心里幸福、踏实。

——罗罗

我用枸杞子泡花生吃了一个多月，以前多年的脚后跟开裂好了，身体乳没再用，也不痒，不像前年每日都要擦身体乳。

——金友芬（宁波）

现在每日都在喝桂圆枸杞子茶，睡眠质量也好了。

——姜桂珍

之前眼干，喝了桂圆红枣枸杞子菊花养目茶有一段时间了，现在眼睛舒服多了，心更舒服了。

——慧子

9 五味子：又称"嗽神"，既滋补又治病

"服之十六年，面色如玉女"

> 五味者五行之精，其子有五味。移门子服之十六年，面色如玉女。
>
> ——晋《抱朴子》

五味子被称为"嗽神"，既滋补又治病，能补五脏之气。

它跟银耳、茯苓一样，偶尔吃几次感觉不强烈，但是长期坚持服用，补益强身的作用相当明显，甚至可称神奇。

所以古书相传，一位叫移门子的人，坚持服用五味子16年，"面色如玉女"——面色白嫩红润如同少女。

五味子的功效

古人对五味子的功效的利用有特别丰富的经验。

2 000多年前，《神农本草经》（中医四大经典之一）就把五味子列入"上品"。

> 主益气，咳逆上气，劳伤羸瘦，补不足，强阴，益男子精。
>
> ——《神农本草经》

现代对五味子的药理研究也发现，它有多种功效：

① 延长睡眠时间；

② 对肝有保护作用，并能降低转氨酶；

③ 对胃溃疡有抑制作用；

④ 强心，降压，改善心肌的营养和功能；

⑤ 促进生殖系统功能；

⑥ 延缓衰老。

五味子搭配枸杞子，特别适合中老年人延缓衰老

二子延寿茶

原料：枸杞子 6 克，五味子 6 克。

做法：沸水闷泡或煮 30 分钟。

功效：益肾滋肝，养心，改善视力和听力，延年益寿。

适宜人群：中老年人、心脏功能弱的人；长期糖尿病患者、脾肾双虚的人，喝这个茶方来补虚也很适合。

◎ **读者精彩评论：**

一定要天天喝起来

五味子非常适合我，阴虚潮热、自汗盗汗、睡不安稳，接下来白天的茶饮就是它了。

——心怡

跟着老师乐学，很多以前没听过的知识和食物，我开始一个一个地了解、品尝、感受……受益匪浅。五味子，从嫌弃它到珍惜它，明白了老师的良苦用心。

——沉香

⑩ 蒲公英：消肿毒，抗肿瘤

> 蒲公英，至贱而有大功，惜世人不知用之。
>
> ——陈士铎《本草新编》

蒲公英是一种野菜，但是很多人只知道采叶子来吃，其实蒲公英根才是它最好的部分，药王孙思邈称赞它有"神效"。

古人用蒲公英治疗各种肿毒，特别是乳腺炎和乳腺癌。现代药理研究也发现，蒲公英中的多糖有抗肿瘤的作用。

《千金方》：蒲公英，有"大神效"

我们折断蒲公英的根茎，其会流出白色的浆汁，这是蒲公英最宝贵的功效成分。

2018年初秋，我在甘肃深山里录节目，被野蜂蜇了一口，手腕立即红肿刺痛，肿起很大的包。我第一次知道原来蜂蜇这么疼，野蜂毒很厉害。

在山野里无法治伤，其他人不知所措，我说我有办法。我沿山坡往上走了走，果然找到两株开着黄花的蒲公英，请编导帮我挤出蒲公英的白色浆汁，涂在红肿处。

1小时后，我的手腕肿痛全消，上场录节目一点影响也没有了。

蒲公英的浆汁消肿毒有特效，是唐代药王孙思邈传下来的。

> 余以贞观五年七月十五日夜，以左手中指背触着庭树，至晓遂患痛不可忍。经十日，痛日深，疮日高大，色如熟小豆色。尝闻长者之论有此方，试复为之，手下则愈，痛亦即除，疮亦瘥。不过十日，寻得平复。此大神效，故疏之。
>
> ——孙思邈《千金方》

　　唐贞观五年农历七月十五日晚上，孙思邈左手中指背不小心碰触了庭院中某种树木，第二天早上肿痛不可忍（有人说是被毒木扎伤，我分析也有可能是被树上的某种毒虫蜇了），十天后，越来越痛，毒疮越长越大，颜色深红，像熟小豆。

　　他想起长辈告诉他的偏方——用蒲公英的根茎，挤出白色浆汁涂抹，就尝试着使用。效果立竿见影，不痛了，毒疮也见好，十天就消肿痊愈。

　　孙思邈感叹蒲公英大有神效，特意写入《千金方》中。

蒲公英的叶和根各有不同的功效

　　植物所含的各种活性多糖对人体健康有很多作用。蒲公英所含的多糖，主要作用是抗肿瘤。

　　蒲公英的茎叶很苦，根却微带甜，含有丰富的浆汁。蒲公英多糖的成分主要就在根中。

　　蒲公英叶的功效：清热，消炎，消红肿。

　　蒲公英根的功效：清毒，抗炎，强肾、消肿散结、抗肿瘤。常用于慢性胆囊炎、慢性胃炎、胃溃疡、慢性肝炎等日常保健及肿瘤预防。

　　所以采蒲公英时，连根一起采来吃，效果最好。

　　蒲公英根也有干品，可以用来煮汤、泡茶。

　　因为它是食物，所以我泡蒲公英根茶，一般是先泡饮两遍，然后把泡过的根也吃掉，有时就直接拿来煮汤。

☆ **案例：读者经验**

　　蒲公英根的消炎效果真的特别好。我得慢性胃炎很多年了，吃中药、西药都治不好，医生只让好好养着，平时生冷一概不吃，一吃就胃痛。最近喝了一段时间蒲公英根茶，其有淡淡的麦香味，微苦有回甘，慢慢地发现最近胃舒服多了，神奇的蒲公英！

——芳

如何挑选道地的蒲公英？

☆ 长白山的蒲公英根药性特别好

蒲公英是宿根，根可以长好多年。越是寒冷、植物生长缓慢的地方，蒲公英根生长的时间越长，药性也就越好。

太热的地方，像两广（广东、广西）南部、台湾、海南，传统上是不生长蒲公英的。

东北特别冷，蒲公英的根药性就好，跟人参的道理差不多。人参是长白山的好，蒲公英也是长白山的特产。

☆ 看根部的质地是否致密

怎么区别蒲公英的产地呢？

蒲公英根的干品是切段后烘焙的，可以放在嘴里嚼着干吃。质地松脆很容易嚼烂的，是南方长的；质地坚硬有点硌牙的，是北方长的。

长白山的蒲公英根，不仅坚硬，还经得起打磨抛光，显出木质光泽。这种根的浆汁特别浓厚。

调理胆囊炎、慢性胃炎、肺热久咳、脾胃虚弱的蒲公英食方

☆ 调理胆囊炎的蒲公英食方

蒲公英根 30 克，水煮后连水带根一起吃。

☆ 调理慢性胃炎的蒲公英食方

蒲公英根 20 克，与姜枣茶一起冲泡饮用。

☆ 调理肺热久咳的蒲公英食方

蒲公英根 10 克、甘草 3 克，冲泡饮用。

☆ 调理脾胃虚弱的蒲公英食方

蒲公英根与以下健脾益气或滋补的甘味食物搭配，对脾胃虚弱的人更好：红枣、玫瑰、枸杞子、牛蒡、罗汉果、桂圆。

☆ 案例：读者经验

我是用姜枣茶加蒲公英根喝了几天，胃炎好了很多。之前不能剧烈运动，现在没事了。

——7 群弘

◎ 读者精彩评论：

蒲公英根的消炎效果真的特别好

平时用蒲公英加上玫瑰花泡水喝！蒲公英的麦香味我超级喜欢闻！

——钟蓉

我是生完孩子后右侧乳腺增生，一上火就疼。后来自己吃蒲公英，经常晒干泡水喝，月经期不喝。觉得自己上火了也会泡来喝。自己挖的喝起来很苦，有时加一点点茶叶，这几年乳腺增生都没有犯过。

——风信子

大前天晚上胃有一点疼，前天中午午觉也没睡好，昨天起床立马喝了一杯蜂蜜陈皮茶，20分钟后缓解了很多。还喝了些蒲公英根泡水，下午后便一点不适的感觉都没了。今早起来，也没什么不好的症状，好了。

——幸福

11 茯苓：健脾祛湿的一味仙药

有湿气，每日吃茯苓

老读者们都知道我一直对茯苓特别推崇，它健脾、祛湿，又补气、宁神。

"湿为万病之源"，如果身体有湿气，无论是湿热还是寒湿，或者只是预防，每日吃茯苓是至为平和又有效的法子。

我们全家一年四季，每日早餐都要喝茯苓粥，同时还用茯苓粉和鸡内金粉一起来蒸鸡蛋吃。

茯苓特别平和、安全，久服、多服都没有副作用，孕妇、老年人、儿童也可以天天吃。

为什么茯苓是"仙药"？

古人为什么讲茯苓是仙药呢？古人认为神仙都可以吃它，是"久服无弊"，意思是怎样吃它都没有副作用。

老北京有一道非常有名的点心叫茯苓夹饼，这是以前清朝宫廷里面御医开给慈禧太后吃的方子，就是为了让她用食疗来养身体。

美白祛黄茯苓粥

茯苓不溶于水，直接煮水喝效果不好，最好是把茯苓吃下去。

美白祛黄茯苓粥

做法一： 把茯苓打成粉，拌进粥里一起喝。

做法二： 选上好的云茯苓丁，煮粥时放进去一起煮透后食用。

茯苓不仅健脾祛湿，也是古人美容的常用材料，外敷有淡化面部色素的作用，内服则能祛除面部的黄气——人有湿气、脾虚时，就容易脸黄，而茯苓对这两种原因引起的脸黄都有调理作用。

如何挑选道地的茯苓？

记得 10 年前我在电视上讲茯苓时，当时还有很多朋友不认识茯苓，市场上有用淀粉、木薯等混充茯苓的伪品。现在了解的人是越来越多了。

怎么买到道地的茯苓呢？

去正规的药店购买，比较有保障，注意不要熏硫的茯苓。

茯苓传统的道地产地是云南，称云茯苓，以生长于老松树根部的最正宗。

茯苓是生长在松树根部的一种菌类。它跟灵芝一样是菌类，只是茯苓现在可以人工种植了，显得它比较普通了。

但是在古代，它也是野生的。所以在慈禧太后的时代，茯苓像灵芝一样，十分金贵，不是普通人能享用的。

如今是在野生环境中进行人工培育，我们才有机会吃得到上好的云茯苓。这是现代人的福气。

调理胃痛、湿气导致的身体沉重的经验分享

每日都吃一勺蜂蜜茯苓粉，今天是第 14 天了，整个人很轻松！走路再也没感觉到脚步沉重了！胃痛也不知不觉地溜走了。

——梅梅

我以前有痔疮，医院开的是坐浴的药，当下好了，过后还是会出血。后来意识到有可能是湿气重造成的，得知茯苓祛湿，就经常用茯苓煮水喝，没过多久慢慢地好了，很少再出血了。

——文文

喝了一段时间茯苓粉，祛湿效果好。

——海洋

咳嗽后食用茯苓的经验分享

孩子咳嗽到现在，两个多月了。住院，打针，吃药，雾化，各种方法都用上了，也不见好。医生说是鼻炎引起的。群里的伙伴建议我给孩子尝试老师的鼻炎方。

我给孩子用桑叶 9 克、甜杏仁 9 克、菊花 6 克，煮水喝；辛夷花 10 朵、苍耳子 10 朵、玫瑰花 10 朵（后放），小火煮 10 分钟。这两种方法我都换

着给孩子喝。然后还买了鸡内金、茯苓粉，做成胶囊，每日各吃一个，不
知不觉，没咳了。

——点点

调理睡眠的饮食搭配经验分享

我一直睡眠质量都不怎么好，特别是这两三年，多梦，半夜易醒，
醒来睡不着，还老掉发。后来我每日早上用一两勺茯苓粉拌粥吃，每日上
午喝甘草酸梅汤，下午喝玫瑰红糖茶，隔三岔五地喝墨鱼汤、银耳桂圆莲
子羹，坚持每日睡药枕、穿药鞋和梳经络，还尝试过午不食。

近段时间我发现睡眠质量有所改善了，即使偶尔半夜醒来也能很快
睡着，即使做梦了也不会像以前一样记得很清楚。之前月经老推迟 7 ～
10 天，还有很多血块，近两个月都准时来了，血块也少了。感觉整个人
的精神状态比以前好多了。

——M&W

◎ **读者精彩评论：**

开启生活新模式

茯苓内金四物红糖，孩子吃了以后爱吃饭了。

——叶子

每日早上加一勺茯苓粉放入粥里吃。

——A 芬 Fen

我把茯苓和蜂蜜做成丸子，每日吃几粒。因为茯苓不溶于水，放在
稀饭里也是漂在上面。

——春秋

吃了两勺茯苓兑蜂蜜，口感非常好。

——辛芳

今天喝了黄芪茯苓粥。跟着老师养生，开启生活新模式。

——知行

◎ **允斌解惑：**

孩子 4 岁，能不能吃茯苓？

顾心安问：4 岁孩子能不能吃茯苓？

允斌答：可以吃的，茯苓特别平和，男女老幼都能吃。我儿子是从
小吃到大的。

12 荠菜: 蔬菜中的"甘草", 有 12 种功效

荠菜不仅是一种野菜, 也是一味草药。

我给荠菜打了一个比方, 它就好比"蔬菜中的甘草"。它的药性平和到连一个月的小婴儿都可以用。

荠菜的特别之处在于, 它既能祛寒, 又能祛热, 祛寒不上火, 祛热不寒凉, 可谓寒热通杀, 是维持人体寒热平衡的好帮手, 还能健脾利湿。

荠菜的 12 种功效

☆ 搜陈寒

《黄帝内经》教导我们:"冬伤于寒, 春必病温。"冬天被寒气所伤, 寒气会深入人体内部潜伏下来变成"陈寒"。到了春天, 阳气升发, 寒极生热, 就会引起上火、感冒、发热。

从小母亲就告诉我们, 一定要吃荠菜, 它能搜陈寒。

这个"搜"字很形象, 说明它能将人体年深日久的陈寒给搜出来。这是荠菜对我们最大的贡献。

☆ 祛血热

荠菜是寒热通治的。很多人不知道, 寒性体质也可能血热。例如胃寒的人也可能同时肝血热。肝血热的人, 很容易早生白发。

☆ 降胃火

胃火重的人有两个特点, 一是控制不住食欲, 二是口气重。荠菜既降胃火, 又不会苦寒伤胃。

☆ 防胃病

经常给小孩子吃点荠菜，长大后不容易得胃病。

☆ 防过敏

春季女性容易皮肤过敏，发红、脱皮，常吃荠菜可以预防。

☆ 清小肠火

小肠有火，容易小便不利、尿黄，晚上睡觉会心神不安。

☆ 调理婴儿积食

荠菜水很平和，一个月的婴儿都可以用。要用带根、带籽、带叶的全株荠菜来煮水。

☆ 调理血压

荠菜有一定的降血压作用。根部的效果更好。

☆ 预防白内障

糖尿病的常见并发症就是白内障，因此建议糖尿病患者经常喝荠菜水。

☆ 预防月子病

产妇在月子里，一定要喝一次荠菜水，对防止产后发热有好处。用带根的荠菜，喝一次就足够。

☆ 调理牙龈出血

刷牙牙龈出血，是脾虚的表现，可以经常吃点荠菜来调理。

☆ 预防春季流行病

比如流感、红眼病、上火、皮肤过敏。

怎样采摘荠菜?

采荠菜的时候注意，要连根一起采摘，最好是带籽的，药性更强。

荠菜整株采回家晾干，就可以用一整年了。放一些在厨房的灶台上，还可以避蚂蚁。

需要治病的时候，取几株，水烧开后煮七八分钟，就可以喝汤了。没有条件煮的时候，用干品来泡茶喝，也是可以的。

开春后第一批开花结籽的荠菜药性最好，它们储存了整个冬季的能量，加上初春天气还比较寒冷，生长慢，所以药用价值最高。以后再长出来的荠菜就长得快了，药用价值也就下降了。

◎ **读者精彩评论：**

连喝 3 天老荠菜煮水，嗓子里没痰了

今天发现在连喝 3 天老荠菜煮水之后，因得急性肺炎而遗留在我嗓子里的痰竟然没有了，好开心！

——Duanhp

第十三章
家里可以常备的感冒、退热中成药

藿香正气水、九味羌活丸、通宣理肺丸、板蓝根冲剂、双黄连口服液、小柴胡颗粒都是家庭可以常备的中成药。

如何辨证使用感冒中成药？

不管是感冒，还是感冒并发肺炎，在呼吸道疾病的不同阶段，有不同的症状，我们用的药都是非常不一样的。如果用错的话，很容易适得其反。我们可以把感冒分为这样几个阶段：

风寒感冒初起，用藿香正气水

在风寒感冒初起时，感觉头晕、恶心，这种情况下用藿香正气水就可以。

风寒感冒较重，用九味羌活丸

如果风寒感冒比较重，浑身酸痛，连骨头都在痛，可以用九味羌活丸。

咳痰多，痰色白，用通宣理肺丸

如果咳痰多，痰色白，可以用通宣理肺丸。

以上几种情况，如果不想吃药，想用食疗，都可以用葱姜陈皮水。

风热阶段，嗓子有点疼，服一块板蓝根冲剂

如果受了点风热，还没有其他症状，只是嗓子有点疼，这时候马上服一块板蓝根冲剂就可以（板蓝根冲剂有颗粒状的，有块状的，我个人经验是块状的效果更好一点），吃一次就行，不要多吃。

风热阶段，嗓子痛，发热，头晕，咳黄痰，用双黄连口服液（颗粒）

风寒感冒如果没及时治好，有可能进一步转化为风热感冒。嗓子痛，发热，头晕，可能还会咳黄痰。这时候可以用双黄连口服液（颗粒）。如果体温比较高，无论是否嗓子疼，都可以用蚕沙竹茹陈皮水。

退热后，反复发热，用小柴胡颗粒

有的人，在高烧的时候吃药就退热了，但退热之后又反复发热；这时体温不太高，一会儿烧一会儿不烧，会感觉明显的口苦。

在这种情况下，说明病在半表半里之间，一般会用到小柴胡颗粒。

例如，有些得新冠肺炎的患者说，觉得口苦得受不了，在这个阶段是可以用到小柴胡颗粒的。

家庭常备中成药的用法

双黄连：风热感冒、发热伴有咽痛时用，可以退热。风寒感冒禁用！

板蓝根：扁桃体发炎初起，感觉嗓子疼，马上吃一块就不疼了。不要多吃。嗓子不疼不要吃！

藿香正气水：四时感冒常用药，感冒、低烧、伴有肠胃不适的，都可以用。伴有咽痛的感冒不宜用。

② 藿香正气水

【成分】苍术、陈皮、厚朴 (姜制)、白芷、茯苓、大腹皮、生半夏、甘草浸膏、广藿香油、紫苏叶油。

【功能主治】解表化湿，理气和中。用于外感风寒、内伤湿滞、头痛昏重、呕吐泄泻、肠胃型感冒。

藿香正气水的适应证是什么？

藿香正气水，很多人对它有一个误解，认为它是用来解暑的，这是错的。

有一年，我在河北卫视录节目，是大冬天，演播厅实在太冷了，我就受寒感冒了。去药店买藿香正气水，药店的店员告诉我："现在是冬天，谁卖藿香正气水呀？夏天才有。"这真的是让我非常惊讶。

其实，藿香正气水是治疗受寒以后引起的感冒的，它的适应证是什么呢？就是外感风寒、内伤饮食。不管你是受了风寒，还是吃了生冷的东西，胃肠受了寒，都可以用藿香正气水。

我们不要用它来解暑，它不是清热的，它是用来祛寒湿的，我们在家里可以常备它。

藿香正气的药方里面，一共有 10 味药，其中 9 味是祛湿的

主药是藿香（广藿香），它是芳香化湿的一种香草。在新冠肺炎疫情期间，预防和治疗的药方中常用到藿香，功效卓著。

藿香非常芳香，也是现代香水的定香剂，我做香包、沐浴都很喜欢用它，因为它既香又能抗毒杀菌，对于防流感、防皮肤病都很有好处。在新

冠肺炎疫情期间，我就是每日用藿香沐浴液来洗手，加强防护。

接下来是紫苏，它可以解表散寒、行气和胃。孕妇呕吐吃点紫苏也很好。

紫苏也是蔬菜，我家花园里就种着很多紫苏，夏季会用紫苏叶子拌饭吃。还有就是泡在泡菜坛子里，它可以养泡菜水。冬天时，虽然没有紫苏叶子了，可是还有紫苏梗。紫苏梗可以用来和其他中药配在一起做沐浴包、香包。

再下来就是陈皮和茯苓，这两样我说得很多了，健脾祛湿，当成保健食物，全家人经常吃也是很好的。

方子中还有苍术、白芷、厚朴，这些都是祛湿的好药，也是药食同源的，我们平时用，可以拿来做香包和沐浴包。

另外，方中的大腹皮和生半夏，也有祛湿的作用。

所以说，藿香正气水能很好地祛寒湿，而且它10味药里面有8味是药食同源的（包括甘草）。这个方子真是妙极了。

我非常推荐藿香正气水，是因为我们一年四季的感冒，在不太重的情况下，基本上都是可以用藿香正气水治疗的。只要感觉受寒了，有点儿低烧，头晕，还有一点儿恶心，没有食欲，在嗓子不疼的情况下，你都可以喝一支藿香正气水试试。

它起效特别快，只要是感冒初起，一般一支就好了。

如果遇到藿香正气水吃了两三支都没有好转迹象，那么很可能是辨证错误，不是受寒引起的肠胃型感冒。

藿香正气选哪种剂型好？

藿香正气有几种剂型，我最推荐的是最传统的水剂——藿香正气水。这是很多年轻人和小朋友最怕的。我记得我儿子小时候也怕这个，因为他，我配了一个食疗方子，就是"芫香正气水"（见本书第175页）。

藿香正气水虽然难喝，但真的是效果很好的。所以直到现在，我还要求我儿子在学校宿舍里准备两支，以备不时之需。可能他一年两年都用不上，但万一哪天受寒了，或者是同学受寒了，就可以给他们吃，一支就好（小朋友半支就够了）。

很多人喜欢用藿香正气滴丸，因为它很小，一下子就吃下去了，比较好接受，也没有怪味。如果小朋友实在不愿意喝藿香正气水，藿香正气滴丸也是一种选择，只是它的效果来得稍微慢一点。如果你是感冒轻微的情况，吃它也就够了。

藿香正气水和藿香正气滴丸，我建议家里是要常备的，不要等到突发疫情时再去抢购，应养成家里常备中药、中成药的好习惯。

③ 双黄连口服液

【成分】金银花、黄芩、连翘。

【功能主治】疏风解表，清热解毒。用于外感风热所致的感冒，症见发热、咳嗽、咽痛。

治疗风热感冒引起的发热、咳嗽的中成药

双黄连口服液是一种很好的用于风热感冒引起的发热、咳嗽的中成药。感冒时，如果发热、咳嗽，而且嗓子痛，鼻涕是黄的，可以用双黄连。

流感、支气管炎、肺炎、扁桃体炎、幼儿水痘……这些病如果有上面列举症状的，也是可以用双黄连的。

双黄连的名字让一些人误解为其中含有中药黄连。其实，它没有黄连，而是用了三种中药，各取开头的一个字来组成名字：

双花，也就是金银花，它花开成双，金银并蒂，所以别名叫"双花"。金银花清热解毒，我们夏天也可以泡茶喝（配上甘草比较好）。

黄芩，开的是蓝紫花，入药用的是它的根。黄芩有清热泻火、燥湿解毒、止血、安胎的功效。它是苦寒的，我们平时不食用，但是可以外用。黄芩是清肺火的，外用可以预防日光性皮炎，对于日晒后皮肤的镇定防敏很有效果。

连翘，它跟迎春花很像，黄色的，初春开花。入药用的是它的果。连翘的功效是清热解毒、消肿散结，是风热感冒常用的中药。

没事时不能随便吃双黄连来预防疾病

这三味药都是寒凉的，所以双黄连是一种比较寒凉的中成药。没事时不能随便吃它来预防病，脾胃虚寒的人吃了是会拉肚子的。

双黄连一定是在发热并伴有咽痛（必须有咽痛的症状才可用热药）时才能用，风寒感冒不可以用。

④ 板蓝根冲剂

【成分】板蓝根。

【功能主治】清热解毒，凉血利咽。用于肺胃热盛所致的咽喉肿痛、口咽干燥，急性扁桃体炎见上述证候者。

每次有呼吸道疫病流行，比如 SARS、甲流、禽流感、新冠肺炎……很多人就会跑去排队买板蓝根，甚至连国外的人也加入了这个抢购风潮。

2013 年禽流感流行时，有些中小学用大桶熬板蓝根给学生喝。当时电视台注意到这个问题，专门请我去做一期纠错节目，澄清大家的误区。

一袋小小的板蓝根，仿佛能包治百病。其实它连感冒都不能治。

板蓝根不是用来治感冒的，而是用来治咽喉肿痛的。

它是寒凉的，治病都不能多喝，平时更不能用来预防。孩子们天天喝它，脾胃受寒以后，抵抗力反而会下降。

什么时候可以用板蓝根呢？

如果受了点风热，感觉嗓子突然痛起来，马上喝一包，或者感冒合并扁桃体感染了，咽喉红肿疼痛，可以用板蓝根，但注意"中病即止"，喝一两次不太痛了，就不要喝了。

小调料，大功效篇

平时可调味，病时是药物

第十四章
抗病毒: 食用和外用都很好的
厨房调味料

　　如果我们家里平时多备一些调料, 再备一些常用的中草药, 在疫情来时, 就不会慌张了。

　　不管是用它们来做香包、药浴、枕头, 还是做成坐垫——"治下部之病, 以坐法为优", 都有增强抵抗力的作用。

所有辛香味的调料，都能帮助我们的身体提升正气

让家里始终有中药香味萦绕

如果我们家里平时多备一些调料，再备一些常用的中草药，在疫情来时，就不会慌张了。

不管是用它们来做香包、药浴、枕头，还是做成坐垫——"治下部之病，以坐法为优"，都有增强抵抗力的作用。

让家里、自己的身边始终有中药香味萦绕。中药香味才是真正的杀菌解毒的好东西。

我们虽然有现代的消毒水，但是说实在的，它在消灭细菌的时候，也可能伤害我们的身体。而中药不仅杀菌、抗病毒，还能帮助我们的身体提升正气。闻着它们的芳香气味，就是给我们的身体做保健。

我特别喜欢家里充盈着中药的香味，所以我家里常备很多中药，而且中草药大部分是不会过期的。

平时家里常备哪些调料？

如果家里实在没有中药，那么就在您家厨房里搜罗一些调味料吧。我相信每家厨房里都能找出调料来，只要是有辛香味的调料，都是可以用的。

肉桂、桂皮、八角、花椒、山奈、丁香、豆蔻、草果、香叶、白芷……这些都是厨房里常用的香味调料。所有这些辛香味的调料，都可以帮助我们的身体提升正气，也能解肉毒。

如何用厨房调料自制简易防病香包？

厨房里的很多调料，既是中药也是香料，是上好的香包制作材料。

我在前文中介绍了避疫病香包的配方，但在传染病流行时，很多人到药店里都买不到配方中的中药了。所以，我们可以在家里找各种各样辛香味的调料，有什么就用什么。

厨房调料香包

原料：川陈皮、丁香、山奈、白芷、艾叶等。

做法：将家里所有能找到的、带有芳香气味的调料，用料理机按 1∶1 的比例打成粉，混合起来，装入香囊。

这个香包，您用厨房里现成的材料就可以自己做。由于都是日用调料，即使比例不对也不容易出错。

在疫情期间无法买药的情况下，如果家里平时就常备这些调料的话，我们要做这样一个防病香包是非常容易的。

如果家里有老人、幼儿、孕妇或身体较弱的人，可以多做几个，佩戴在胸前，同时放在他们的床头和枕边，这样就能随时随地做好防护。

☆ **案例：读者经验**

今年疫情期间我都在家，几次出门买菜都会带上老师推荐的中药香包，后来香包味道淡了，药店又关门，于是就直接买了一款调味料，里面有 13 款香料，一盒 45 克，分成 5 份，很方便，味道也不错。

——40 群 Mary

用调料煮水泡脚，提升正气

前面讲过中药泡脚有助于防病。如果没有中药，可以用调料煮水泡脚。花椒、生姜、葱，都可以用来泡脚。（参见本书第 97 页"祛除寒湿的泡脚方"）

这三样调料都能够祛除我们身体的寒湿之气。

病毒在什么样的环境下最容易滋生呢？就是又湿又脏的环境。而我们每日用这些调料煮水泡脚，有助于祛除身体内的寒湿，帮助我们把体内的环境搞得更干净，让身体抵抗力更强。

花椒煮水泡脚，温和祛湿气

花椒祛湿气的作用，在所有调料中是最强的。

北方的朋友如果受不了花椒的麻味，又想用花椒祛湿气，有一个好方法，就是用花椒水来泡脚。有些北方的朋友去了一趟南方，回来后会发现自己得湿疹了。这是因为北方人不习惯南方那种潮湿，这时候就可以用花椒水来泡脚。

花椒水泡脚能温和地祛除我们体内的湿气。

做法：拿一块棉布或者纱布包上一包花椒，用棉绳系好口，放在锅里用水煮 30 分钟，水就可以用来泡脚了。这个花椒包可以反复煮好几遍。

用花椒水泡脚还有一个作用，就是通经络。这是源自花椒的第二大作用——通气。经络畅通，气血流动，寒气湿气就更容易排出了。

◎ **读者精彩评论：**

花了 1 000 块钱，到头来还不如一把花椒

我儿子连续低烧，喝了那么苦的中药，还是反反复复。后来我让老公用花椒煮水给儿子泡脚，还喝了点花椒水。结果泡脚后全身都是汗。当晚儿子睡得很踏实，早上起来说一身轻松，舒服了好多，体温 36.5℃，正常了，可以去上学了。老公说花了 1 000 块钱，折腾了 10 多天，到头来还不如一把花椒。

——2 群遗失的美好

花椒：厨房里的祛湿神药

花椒祛湿的功效，在各种调料里是最强的

花椒有三大保健功效——祛湿气、通气、暖宫，它还有降脂的作用，对调理脂肪肝也有帮助。

花椒非常适合两类人食用：

第一类是不爱运动的人，总是坐着，体内的水分就堆积了。

第二类是爱吃补品的人，特别是一些爱吃比较昂贵的补品的人。这些补品往往很滋腻，不好消化，很容易补过头。

所以建议一些养尊处优的人士，还有办公室一族，做菜的时候可以经常放一些花椒来祛湿气。

川椒是一味道地中药

中医开方时常写"川椒"，是指产自四川的花椒。川椒是一味道地中药。

川椒入药，内服可以调治积食停饮、心腹冷痛、呕吐、噫气、呃逆、咳嗽、风寒湿痹、泄泻、疝气疼痛等，外用可以调治蛲虫、湿疹等。

唐代药王孙思邈的名著《千金方》中，便有"蜀椒汤"，调治女性产后受寒引起的心痛病。

家里厨房一定要备点花椒。其可以作为调料、药茶，还可以救急止痛、泡脚祛湿，还能防粮食生虫，用处特别多。

花椒的各种用法

☆ 花椒酒：专门治蛀牙牙疼

古人用花椒泡成药酒，称为"椒酒"，认为其可以医治百病。

现在人们可能接受不了这种口味，但可以用它来缓解蛀牙引起的牙痛。

道地川椒的麻味很强烈，嚼一粒口腔内舌头就会发麻，这是正常现象。

原料：纯粮白酒、川椒。

做法：用白酒煮川椒，含在口中。

☆ 汉宫椒枣茶：祛除下焦寒湿，调理女性宫寒痛经

原料：花椒5～7粒，小黄姜3克，红枣6个，红糖2小块。

做法：沸水冲泡，闷10分钟后饮用。可以反复冲泡。

☆ 放入大米中，防止大米生虫

把花椒用纱布包起来放到大米里，可以防止大米生虫。

青花椒和红花椒有什么区别？

☆ 青花椒，其实不是花椒

花椒有青、红两种颜色。

青花椒其实不是花椒，而是花椒的近亲，叫作藤椒。它的果实成熟以后依然是青色的。

青花椒跟花椒的味道很接近，但花椒的麻香比较醇厚，而青花椒则具有一种清新的辛香味。

青花椒有通窍的作用，还能疏解肝气，适合患有高血脂、脂肪肝的人调理身体。

☆ 青花椒与红花椒的功效区别

红花椒：麻香醇厚，暖宫除湿。

青花椒：辛香清爽，疏肝降脂。

如何区分花椒的优劣？

☆ 我们吃到的假花椒有哪些？

由于现在的人湿气越来越重，所以吃花椒的人也越来越多。花椒的价格贵了，伪劣品也多了。

有四川的朋友尝了道地的花椒之后感叹：原来自己吃了几十年的假花椒。

市场上花椒掺假的现象非常严重。比如，在好花椒中掺杂榨过油的花椒；在好花椒中掺杂次一些的花椒来冒充好品种，或是冒充道地产地花椒，用工业盐浸泡来增加重量；将各种看起来像花椒的植物种子染色后掺入真花椒，用致癌物染色处理，提高卖相……

☆ 如何鉴别上等花椒？

·**尝**：上等的花椒，一粒入嘴就会使口腔和舌头全部麻木，而且有鲜香味。次等的花椒，麻味单薄，鲜味不足。

·**闻**：上等的花椒香气突出，次等的花椒香气淡薄。

·**价格**：掺假的花椒和真花椒相比，价格能相差5倍以上。

·**称**：真花椒的分量很轻，2两（100克）就能装满一瓶。掺假增重的花椒就会更重。

·**看品种**：花椒有好几个品种，其中以大红袍和子母椒最好。

大红袍的颜色是红色的，颗粒很大，麻味浓。

子母椒的颜色有一点儿发紫，在每粒花椒的底部会附生一粒芝麻大小的子花椒（晾晒时会脱落）。这种花椒麻味不如大红袍，但是香味胜之。

·**看产地**：花椒正宗的产地是四川的汉源。那里从近2 000年前的汉代开始，就出产全中国最好的花椒，麻香味佳。由于历朝岁贡皇室，所以称为"贡椒"，中外闻名。可惜产量低，每年一出来就被一抢而空，在汉源当地也难得买到百分百的道地真货，多数以外地花椒掺杂冒充。

葱：通鼻塞，降血脂，还能当创可贴

做菜经常用到大葱或小葱来调味，但如果只把葱当调料，那真是可惜了！

葱须的妙用

感冒时，在姜汤中加入葱白连须可通鼻塞。

做蛋白质和油脂含量丰富的菜时搭配一点葱须，可以解油腻，助消化，还有降血脂的作用。

葱须小菜：防感冒、鼻炎

原料：葱须、豆腐丝、盐、糖、酱油、辣椒油。

做法：1.葱须洗净，加盐揉透，腌制 20 分钟。

2.和豆腐丝一起拌匀，加少许糖提鲜，再放酱油、辣椒油调味。

功效：有开胃、散寒、防感冒的作用。

葱膜：天然创可贴

做饭时如果不小心切伤手指，流血，马上撕下葱膜来敷伤口，不仅能止血，还有杀菌消炎、防止伤口感染的作用。

葱膜稍微撕薄一点，里面的黏液多的时候，它自己就可以粘住，相当于天然创可贴。

葱的保鲜：花盆里种小葱

小葱不容易保存，买回家后，可以用一个有土的花盆，把土挖松，将小葱插进去种上。

种好后，第一次浇水要浇透，放到阳台或窗台上，不需要阳光直射就能长。

每次做菜时，掐下一点来用，剩下的部分又会再长，这样家里就一直都有小葱吃了。

肉桂：厨房里的君子药

肉桂是厨房里常用的调料，也是很好用的中药。医圣张仲景就善用肉桂来治各种病。

肉桂温通全身经脉，祛除寒瘀，使人全身温暖，却又不易上虚火。这是因为肉桂有引火归元的作用，可以把人体的虚火往下引，防止上火。

我把肉桂比作"补肾药中的君子"。它的药效明显，却又温厚，补得很稳，让人吃得踏实。

肉桂的功效

肉桂

功效：补火助阳，引火归元，散寒止痛，温通经脉。

主治：阳痿宫冷，腰膝冷痛，肾虚作喘，虚阳上浮，眩晕目赤，心腹冷痛，虚寒吐泻，寒疝腹痛，痛经经闭。

——《中国药典》

肉桂还有这些作用：

① 抗炎；

② 镇咳平喘；

③ 调节血糖：肉桂提取物被称为"胰岛素强化因子"；

④ 防治帕金森病；

⑤ 改善心脏功能：肉桂酸常用于生产冠心病药物"心可安"；

⑥ 促进皮肤色素代谢；

⑦ 促进头发生长。

如何区分调料桂皮和药用肉桂？

肉桂经常与桂皮混杂，要注意辨认。

桂树常见的有 8 种，但只有 2 种桂树的皮才可以作为肉桂入药。

进口肉桂一般都不是真正的肉桂，而是桂皮。例如著名的锡兰肉桂，是昂贵的香料，但它也是桂皮。

真正的肉桂，桂皮醛含量必须达到 1.5% 以上，补肾降糖效果才好。

如何挑出能治病的肉桂？

① 肉桂比较厚，桂皮比较薄。

② 肉桂颜色发红，桂皮为棕色。

③ 在内侧用指甲划一道，出油多的是肉桂。油脂越多，桂皮醛含量越高，药效也就更强。

④ 肉桂闻起来有甜香的暖味，桂皮有种凉凉、刺鼻的辛香味道。

哪种情况下可以用桂皮代替肉桂？

中药方中的肉桂，不能用桂皮代替。

只有在调理胃的问题时，肉桂和桂皮才可以混用。

肉桂：暖胃止胃痛。

桂皮：理气止胃痛。

细分起来的区别是这样：胃寒引起的胃痛，用肉桂更好；有胃神经官能症，生气时会胃痛，用桂皮更好。

肉桂苹果茶、桂皮苹果茶

原料：肉桂或桂皮 2 块，苹果 1 个，红糖适量。

做法：1. 将 2 块肉桂或桂皮，放入半锅水中煮。

2.15 分钟后，待桂皮煮出味道，放入 1 个切好的苹果。

3. 再煮 3 分钟，放入适量红糖，趁热饮用。

功效：强健脾胃，调理胃寒、肝胃不和引起的胃痛。

哪些人适合吃肉桂？

① 肾阳虚，怕冷、手脚冰凉的人；

② 后腰和膝盖经常冷痛的人；

③ 宫寒、痛经的女性；

④ 糖尿患者。

肉桂可以提高胰岛素水平，对糖尿病患者有辅助治疗作用。

吃糖或甜食，放 1 勺肉桂粉，对餐后血糖升高有减缓作用。

姜：关于姜，一定要知道的 7 件事

姜，是小时候母亲教给我的第一味中药。

2008 年有了博客，我才有机会把这些口传的心法广为分享——到今年（2020 年）刚好 12 年了。12 年前，很多人对于姜的认知，仅限于感冒喝个姜汤。现在全民都在吃姜保健了。传统的养生学日益复兴，是中华之福。今昔对比，备感生在这个时代的幸运。

关于姜，我在《回家吃饭的智慧》里讲了很多，这里不再重复，只简单总结一下：关于姜，一定要知道的 7 件事。

吃姜需要削皮吗？

姜皮本身就是一味中药。姜肉性热，姜皮性凉；姜肉发汗，姜皮止汗。去皮吃还是带皮吃，根据具体情况来定。感冒喝姜汤、吃大闸蟹用姜，去皮。平时做菜、喝姜枣茶，不去皮。

保健吃姜，要在上午吃

早上吃姜，保健养生的效果最好，因为姜最擅宣发阳明经的阳气。早晨正是气血流注阳明胃经之时，此时吃姜，正好生发胃气，促进消化。而且姜性辛温，能加快血液流动，有提神的功效。

下午吃姜，容易伤肺

中午以后就应该不吃姜了，否则容易伤肺。

晚上吃姜是违背天时

中国人养生，特别讲究顺应天时。

"早吃姜，补药汤。午吃姜，痨病戕。晚吃姜，见阎王。"

这是外婆传下来的歌诀。这个道理，我家几代人遵行不悖，受益良多。

晚上吃姜，有几大害：

第一，使人兴奋，无法安睡。第二，刺激神经，影响心脏功能。第三，郁积内火，耗肺阴，伤肾水。

晚上喝酒，以姜菜下酒，大害！等于吃慢性毒药。

吃姜还要看季节

夏天适合多吃姜，秋天则不适合多吃姜。

居家不可一日无姜

居家过日子，是不可一日无姜的。

做菜需要放姜；若是受风寒，马上喝姜汤；吃生冷食物后腹泻，用姜泡绿茶喝；胃寒、胃口不佳，喝姜枣茶……有姜备着，一些小病就好治了。

前面所讲的午后不吃姜、秋不食姜，都是指单独吃姜。

平时做菜，该放姜还是要放的，不分早晚和季节，因为它作为调料，是与其他食物搭配使用的。

感冒喝姜汤，是治病，也不用分早晚和季节。

出远门，带上姜

我一直有个习惯，出门时包里装几块姜糖。路途中遇风、遇寒，或是吃了什么生冷食物，马上吃两块姜糖救急，百用百灵。

2018年夏天，我在西北各地录外景节目，每日不是在烈日下就是在暴雨中，录完以后还要坐车，在山路上颠簸好几个小时，每个人都疲惫不堪，有人感觉头痛难受不堪，我拿出自制的姜枣四物红糖，大家如获至宝。有个女孩甚至珍惜地把一块糖分成两半，准备把另一半留到关键时刻"续命"。

6 辛夷：花香幽雅，调治鼻炎效果好

辛夷，又名木兰，是玉兰的近亲植物。木兰的花骨朵，就被做成了中药辛夷，它对于调治鼻炎有很好的效果。

换季的时候，很多人不仅会担心出现肺炎症状，还担心可能会出现鼻炎的症状，这时就可以用辛夷。

用辛夷煮水，再打一个鸡蛋进去，做成荷包蛋，然后喝汤，吃鸡蛋。不要吃辛夷，因为辛夷是很难吃的。

但是辛夷的味道非常好闻，是那种淡雅的花香。它可以通鼻子，可用来调理风寒引起的鼻炎。所以它也是我做调理鼻炎的药枕时会用到的一种原料。

如果家里有人有鼻炎，或者打呼噜的话，就可以用辛夷，再配上一些芳香化湿、通鼻窍的中药做成药枕，让他睡觉时用。

7 平时是食物，病时是药物
治疗新冠肺炎的药方中采用的药食同源中药解析

新冠肺炎疫情期间，国家卫健委发布了治疗的中药方，无论是治疗轻症、普通症还是重症，各药方所用的中药，半数也是药食同源的，特别是下面的这些，都是平时可以吃的，大家在饮食中也可以常用。

药食同源的中药有哪些？

草果

草果是常用的炖肉调料，温胃，祛湿，化浊。

苍术

经常用避疫香包（防流感香包）的朋友都熟悉它独特的香味，我的每一个防疫病配方里都有它，可健脾祛湿、抗病毒，用来涂抹皮肤，防止皮肤病也很有效。

桔梗

化痰的药。朝鲜族用它做咸菜吃。

牛蒡

咽喉肿痛、胃火便秘用它效果很好。它也是日常排毒的食材——防癌明星。

甘草

补气，润肺，调和药性……好处太多了。

桑白皮

桑树的根皮。我们平时用得更多的是桑叶——"人参热补，桑叶清补"，桑叶不仅滋补，也是治疗风热感冒的。

金银花

清热解毒。夏季抗病毒，全家人可以经常喝金银花甘草茶来预防。

用于治疗危重症的中药

到了新冠肺炎的重症期，就是"内闭外脱"，国家卫健委推荐用的是人参、黑顺片（附子）、山茱萸，来送服苏合香丸，或者安宫牛黄丸。

苏合香

我在前文中给大家分享的防流感辟疫香包配方，里边就用到了苏合香。可惜的是，新冠肺炎疫情暴发后，很多朋友告诉我，他们去药店想去配这个香包，却已经买不到苏合香了。

苏合香丸在重症期用来抢救患者，也是非常好的。平时我们只须外用，放在香包里防病。

山茱萸

山茱萸是六味地黄丸的成分之一，也是《吃法决定活法》书中推荐给老年人补肾的食材——专补人体之"漏"，在平时也是可以吃的。炖肉汤时，可以抓一把山茱萸放进去，或者泡水喝也可以。我儿子是当干果来吃，他不怕酸。

我家在秋冬季，全家人都喝山茱萸汤。它能够帮助我们的身体固住精气，而只要能够固住精气，身体抵抗力就会增强。

用于病后恢复期的中药

针对新冠肺炎恢复期肺脾气虚的情况，国家卫健委的诊疗方案里面讲的是用法半夏、陈皮、党参、炙黄芪、茯苓、藿香、砂仁这几种材料。在这个诊疗方案里，除了法半夏（半夏直接去除外皮后晒干，称为生半夏。生半夏有毒。用甘草、石灰炮制去毒后，称为法半夏。中药半夏燥湿化痰的功效特别好，但是它有一点毒性，所以古人用各种方法将它进行炮制，以去除毒性。半夏药材按照炮制方法不同分为：生半夏——直接去除外皮后晒干，生半夏有毒；法半夏——用甘草、石灰炮制去毒；清半夏——用白矾炮制去毒；姜半夏——用生姜、白矾炮制去毒），其他几种材料也都是药食同源的。

党参、黄芪

它们都是我们平时常用的保健食材，补气，增强体质。

茯苓

我建议大家每日都吃茯苓，它的健脾祛湿效果非常好。

茯苓其实跟灵芝一样是菌类。

我建议大家多吃茯苓，特别是在疫情高发时期。我们多吃菌类，不论是茯苓，还是灵芝、香菇等，都是能够帮助我们增强抵抗力的。

藿香

藿香正气水的主药，平时不管是内服还是外用，都能用得到，用来做香包、沐浴包都是可以的。

砂仁

它也是我们平时用来做炖肉的调料。我家厨房里也常备砂仁。

陈皮

陈皮，在处方中配上法半夏和茯苓，是我们传统的二陈汤（半夏、陈皮、茯苓、甘草）的方子，它能燥湿化痰，脾胃湿气非常重的人是可以用到二陈汤的。

以上这些，也是我建议大家平时在家里多准备的中药。在这样的特殊时期，我们都可以用得上。

☆ 案例：读者经验

我自己收集了一些川橘皮，止咳效果非常明显。女儿感冒咳嗽，自己主动要我煮姜汤陈皮红糖水喝，一般两碗见效。

——杨志花

附录
抗病毒微课堂
"抗病毒主题"问答（2020 年 2 月 2 日直播实录）

百病从湿生。

在传染病流行期间到外地去，要做好什么防护？

（我在疫情初期去湖北的经验）

问：从湖南去广州要坐车 10 多个小时，因为异地有温差，路途中应该注意什么？我们需要提前做好哪些准备呢？

允斌答：像这种出门、长途旅程要坐车的情况，我们首先要注意避开"虚邪贼风"。我建议：

第一，最好是戴帽子，围好围巾，穿厚实的衣服。在飞机或是火车上，我一般会把通风口关掉。如果旁边有人需要开着通风口，我会用围巾把自己裹得严严实实的，避免自己头部受风。

第二，提前准备好书中讲的香菜陈皮姜水（芫香散寒饮），到达目的地后，马上喝一杯，这样能帮助您散掉途中所受的寒气。

第三，给大家分享我的一个经验，我并不是现在疫情期间才这样做，而是一直以来都有这个习惯。2019 年 12 月底（据医学界事后研究显示，那时新冠病毒已在武汉传播至少有一个月了，只是人们还不知道），我去过湖北讲课，当时讲课的地点距离武汉市是非常近的。当时武汉已经出现新冠肺炎病例了。在讲课期间，我接触了很多湖北当地人，也有一些读者是从武汉赶过来听讲座的，他们拿了我的书来请我签名，我与他们近距离地交谈，站在一起合影；我还去考察了当地的集市、古镇。讲完课后，我回程时在武汉高铁站候车，元旦放假前，高铁站的人流量是非常大的。我乘坐 6 小时高铁先到天津录电视台节目，之后又从天津返回北京。

在这样一个过程中，为什么我没有被感染呢？当然，也有可能是我运气好。这里，我想分享的是，无论何时我都非常注意防护，比如我每日回到酒店，第一件事是用酒精棉球给手机消毒，这是长年养成的习惯；比如在高铁上，如果我去洗手间，我不会直接用手接触门把手，我会用一张纸巾，隔着纸巾去握门把手，再开门，然后我也会马上洗手。平时注意这样一些细节，能够非常有效地帮助我们防范病毒的感染。

即将面临上班、上学问题，应该做好哪些防护?

问: 大人上班，孩子上学，该做好哪些防护?

允斌答: 第一，我建议使用香包。给自己和孩子都做一个，（没有办法买药的话）就用能找到的所有带有芳香味的中药，搭配在一起，让药香始终围绕在自己和孩子的鼻端，这样能够刺激鼻黏膜产生抗体，同时也能净化身体周围的空气。

第二，用能买到的一些带有芳香味的中药做成坐垫，带到办公室、学校里。这也是一种有效的保护方法。

第三，在下班、孩子放学回家后，可以喝一碗香菜陈皮水（芜香行人饮），用于抗病毒。我要提醒一点，在外面的时候最好不要喝太多香菜陈皮水，因为它是帮助我们身体往外发散的。如果在室外遇到降温、雨雪天气，喝了它后，身体毛孔打开，反而会受寒。最好是回家后，或到办公室、学校再喝。

我建议在办公室，准备一个养生茶壶煮水喝，保持茶壶里一直煮着芳香化湿的中药，比如香菜、陈皮，让它一直"咕嘟"着。这样，在您周围会形成很好的空气环境，同时还可以不时喝一点，增强身体抵抗力。

3 家里有小孩子，需要每日多次拖地消毒吗?

问: 家里有小孩子，需要每日多次拖地消毒吗? 会不会有害处? 不接触细菌，会不会影响孩子的免疫力?

允斌答: 这个问题问得很有代表性。我们家就发生过这样一个事故。我家阿姨平常非常注意卫生，尤其是最近疫情比较严重，她就在涮拖把的水里加了一点84消毒液，然后再拖地。我们全家人闻到后，都觉得实在无法忍受这个味道。其实，这次新冠肺炎是由病毒引起的，病毒跟细菌有很大的不同，病毒需要宿主才能够生存。如果没有来访客人，地面是没有必要消毒的。

　　我告诉阿姨，没有必要用 84 消毒液来拖地消毒，84 消毒液挥发到空气中对孩子身体是不好的。

　　不接触到细菌会不会影响孩子的免疫力呢？放心吧！不管用不用 84 消毒液，哪怕用再多，家里还是会有细菌。细菌是无处不在的，我们身体内也都有细菌，所以不用太过担心这个问题。

 疫情期间买不到酒精怎么办？

　　问：买不到酒精怎么办呢？

　　允斌答：我听朋友说，现在去药店都买不到医用酒精了。我希望大家注意：酒精是每家每户必备的，不要等到发生疫情才去抢购。我们应该每日都用酒精消毒，只要我外出或者出差，回到宾馆房间，或者回到家里，我一定会用酒精棉擦拭我的手机，擦得干干净净，这样才会放心。很多年了，我一直保持着这个习惯，因为手机上的细菌是最多的。很多人容易感冒，或者没缘由地眼睛发红、细菌感染，都可能是对手机的消毒不重视造成的，所以一定要注意。

　　如果现在买不到酒精怎么办呢？可以用蒜。大蒜是可以代替酒精消毒的，它的消毒效果非常好。我曾经在书里写过，在困难年代是没有酒精消毒的，那么孩子们打预防针时怎么办呢？就是把大蒜切成两瓣，用它擦拭后，直接打针，都没事的。所以，你也可以用大蒜来消毒的，做成大蒜水。

 孕妇要出门，怎么预防病毒？

　　问：在这个特殊时期，孕妇必须出门时，有什么方法可以预防病毒呢？

　　允斌答：从外部防护来说，孕妇预防病毒的方法和前文说到的是一样的，孕妇也是普通人，不要把自己搞得特别紧张，特别害怕。

　　从内部防护来说，为什么孕妇要特别加强防范呢？孕妇是易感人群，而且如果生病就不方便吃药。所以孕妇如果得了呼吸道方面的疾病，用食疗是比较安全的。

顺便说一下，我建议孕妇平时不要对饮食太过担心。每次我分享一些食方后，一定会有人留言问我："这个食方孕妇能不能吃？"我真的很难回答。为什么呢？比如说我分享的食方材料是香菜、萝卜，或是喝点杂粮粥，也会有人问孕妇能不能吃。如果这些是平时可以吃的，那么孕期一般也是可以吃的。当然，因为孕期的情况复杂多变，可能会有一些非常特殊的孕妇，即使她什么都没吃，也有可能出现某些问题。所以对于网上留言，由于不了解对方的具体情况，我回答就很为难。我建议，如果孕妇自身有特殊情况，那么凡事都要遵医嘱；如果是正常健康的孕妇，如果食方没有注明孕妇禁用，一般都是可以用的。如果有孕妇禁用的情况，食方会注明的，比如说甘草陈皮梅子汤里有一味山楂，我每次都会注明，孕妇不要吃山楂，要把山楂挑出来；还有马齿苋、薏米，孕妇也不要吃。其他家常的食材，几乎都是可以用的。

6 生理期，嗓子肿痛、咳嗽有黄痰怎么办？

问：嗓子肿痛，咳嗽有黄痰，又恰逢生理期，这种情况怎么办？

允斌答：这种情况比较难办。因为嗓子肿痛又有黄痰，这是有热证，是要用到凉药的；可又是生理期，很多茶方都不能喝。但我说，还是要先去调理嗓子肿痛和黄痰的问题，适当少用一点凉药，比如说可以用西红柿拌白糖（见《回家吃饭的智慧》）。具体做法：把西红柿切成小块，拌上点白糖，搅出汁，喝下去就可以），这个食方相对来说比较温和，或者泡一杯绿茶加菊花来喝，但不要多喝。

我特别建议大家，在生理期之前，一定要注意保暖。其实我们很多时候生病，都是自己找的，本来是可以不生病的。我看到现在很多年轻人，他们之所以生病，就是因为少穿了一件衣服，或者吹了风，或者是在火车、飞机上没有关掉旁边的通风口而受风、受寒生病。

我现在是在北京，在自己的家里，我旁边就是暖气，可是我还穿着棉袄，里面还有毛衣，我还穿了棉裤。为什么我穿这么多呢？并不是我真的怕冷，是因为我希望自己暖暖的。我们先让自己的身体暖暖的，才不容易被病毒侵袭。

呼吸时，气管有痒的感觉，想咳，无痰，怎么调理？

问：年前得了流感，按照允斌老师的方法，用鱼腥草、牛蒡加上梅子汤，及时地在早期战胜了流感。目前感觉吸气、呼气时，气管有痒的感觉，想咳，喉咙痒，无痰，请问老师该如何调理呢？

允斌答：在这种情况下，我估计你可能是有咽炎，我建议你用我书中讲到的方法，把大蒜切碎后，加一点点蜂蜜和一点点水，上锅蒸 8 分钟。这样坚持喝几次，看看效果怎么样。

⑧ 湿气怎样才能祛除？

问：这次肺炎疫情与湿气有关，湿气怎么才能祛除呢？

允斌答：说真的，湿气是比较难祛除的。打个比方，如果我们把一盆面粉加上水，和成了面团，你再想把它分成水和面粉，可能吗？几乎是做不到的。

那么湿气如果进入我们的身体，时间长了以后，就像水和面粉一样混合在一起，你再想恢复原状，真的是千难万难。

古人说"千寒易去，一湿难除"，所以我们真的不要着急。湿气在我们体内积累不是一天两天的事，非一日之湿；我们要想祛除湿气，也不是一天两天的事情。

你要记住，在我们祛除已有湿气的时候，我们身体还在不断地产生新的湿气。

比方说，久坐也是现代人容易生湿的一个重要原因。看过我做直播或是听过我讲座的朋友都知道，不管在全国各地哪里讲课，哪怕讲三天、七天，我也是从早到晚站着，绝不坐下。为什么？因为久坐生湿。

所以我每次讲课时，也都会鼓励大家站起来，站着听课。我在家里也是能站时绝不坐的，哪怕我在工作、写稿子的时候，都是站着打字的，这样有助于预防身体产生湿气。

很多时候，当我们一边做着祛湿的努力，我们的一些不良生活习惯和饮食习惯也在同时给身体增加新的湿气。就像小时候做的数学题：有个水池，一边在放水，另一边进水，问什么时候才能把水池里的水放尽呢？这就取决于你进水和放水的速度，到底谁能够胜过谁了。

 ## 9 儿童应该如何防范病毒？

问：现在疫情这么严重，儿童易发热，家长就更慌了。请老师讲讲儿童防范病毒的方法吧！

允斌答：其实儿童如果发热、感冒、咳嗽，甚至发展成肺炎，它的诱发因素很简单，一般情况下有两种：一是积食，二是受寒了。

家长要记住，孩子受寒和我们大人是不一样的。给孩子防寒，一定要防的是头部。小朋友在冬春季节出门时，给他戴个帽子，不要太厚，主要是防寒。

孩子如果能够不受风寒、不积食，基本上身体就会很健康，不会出现发热、咳嗽的。

孩子如果发热、咳嗽了怎么办呢？首先给他去除积食。我建议，孩子一开始咳嗽时，你马上给他做个火烧红橘吃。在橘子上捅一个小眼，加入一点点油，放在火上烧。烧焦了以后，吃里面的橘肉，这是治轻咳的；如果感觉咳起来了，就给他喝大蒜水，把大蒜切碎，加点蜂蜜，蒸8分钟后喝。如果孩子发低烧，通常来说就是受寒了，这种情况喝葱姜陈皮水是非常管用的；如果是发高烧，就用蚕沙、竹茹、陈皮各10克煮水喝，很快就可以退热。

10 有必要一天喝那么多水吗？

问：老师，您推荐了一些食方和预防方，但有必要一天喝这么多水吗？

允斌答：要注意，我推荐的有代茶饮，也有食方。代茶饮就是喝的水，你可以少煮一点。一剂药你煮多少水，是按自己的喝水量来定的，但材料的用量不要减少。按照材料的用量，你少加一点水来煮，就可以了。

11 防护工作要持续多久？

问：我们坚持做防护工作要持续多久？

允斌答：防护工作肯定是要做到疫情平息后，但我的建议是，顺时养生的保健方法，持续一辈子吧！

因为我们的养生，真的不是只在有疫情的时候才来进行，而是平时就要去做。顺时生活，顺应着节气的变化而生活。

12 大棚蔬菜有抗病毒的功效吗？

问：老师，我们现在买到的都是大棚蔬菜，它们有抗病毒的功效吗？

允斌答：跟天然的相比，抗病毒的功效肯定是要差一点了，但是总归是蔬菜吧。另外，去外面挖野菜时，不要去公路边挖，有汽车尾气的污染，所以只能去山里面。对此，我也无能为力。

我的建议是自己种野菜，我也没办法去外面挖野菜，只是在花盆里种一点，放在阳台上，它们很容易长起来。

13 为什么能发出芽的绿豆很少？

问：买了好多种绿豆，但是能发出芽的绿豆很少，老师有挑选技巧吗？

允斌答：我买的绿豆一般都能发芽。记住，你一定要找好的地方买能发芽的绿豆。或者是你发芽的方法不对，绿豆在泡了水以后，要放在比较暖和的地方。

14 疫病时期，喝哪几款祛湿茶效果更好？

问：既然这次疫病主要与湿气有关，喝您的哪几款祛湿茶效果会更好呢？

允斌答：这位朋友所说的祛湿茶应该指的是荷叶陈皮茶、荷叶冬瓜皮茶，这是我配的两款以荷叶为主的祛湿茶，都是可以喝的。

15 回家后，用酒精喷洒消毒外套、鞋子可以吗？

问：回家后用酒精喷洒消毒外套、鞋子可以吗？

允斌答：如果我去了公众场合，我一般都会与人保持距离；不仅是在疫情期间，平时我也会跟陌生人保持距离。但是如果真的在一个非常狭窄的地方，被人家挤到了，我回家后会把衣服全都洗掉，我们家也常备洗衣服的消毒液，加一点点就可以。

但是如果你在外面并没有跟陌生人有近距离的接触，回家以后，尤其是冬天的外套不想洗的话，我建议不一定喷酒精，把衣服挂在阳台上就可以。我一般会把大衣挂在阳台上，晒太阳、通风，这样是可以消毒的。

16 香包佩戴多长时间更换？

问：避疫香包多长时间需要更换？

允斌答：香包的更换时间，通常看香味的持续时间。如果你做一个香包，散开口来用，它的香味散得很快，两三个星期就觉得味道不浓了，你就可以换。

如果你扎紧口来用的话，它发挥功效的时间很长。即使香包只剩一点味道了，它里面的中药对我们还是有作用的。可以把里面的中药粉取出来熏香，或者直接点燃熏房间来净化空气。

春天失眠怎么办?

问：现在为什么会失眠呢？

允斌答：立春前后，有些人就会失眠，而且这种失眠往往表现为半夜醒来，或者是早上醒得很早。这种情况往往跟我们的肝火有关系，我建议你多喝桑叶茶，用霜桑叶泡水来喝，你会发现，甚至有的人只喝一天，就会感到失眠有所缓解了。大家可以试一试。

18 通过食方调理，能够避免健康问题吗?

问：在《顺时生活》健康日历中，有写到某个时期需要注意的健康问题，是否可以通过食方来避免？

允斌答：是的。每次我写这个节气需要注意什么健康问题时，也会建议一些食方，这就表明，这个食方对调理这些健康问题是有帮助的。